浙江省哲学社科重点研究基地浙江省产业发展政策研究中心研究成果（编号14JDCY01Z）

智慧城市标准化建设理论与实践

主　编　李　宁

副主编　丁　凯　宋丽红

ZHEJIANG UNIVERSITY PRESS

浙江大学出版社

图书在版编目（CIP）数据

智慧城市标准化建设理论与实践 / 李宁主编. — 杭州：
浙江大学出版社，2016.10
ISBN 978-7-308-16346-0

Ⅰ.①智… Ⅱ.①李… Ⅲ.①现代化城市－城市建设
－标准－中国 Ⅳ.①F299.2-65

中国版本图书馆CIP数据核字（2016）第256930号

智慧城市标准化建设理论与实践

李　宁　主编

责任编辑　金佩雯　　许佳颖
责任校对　潘晶晶
封面设计　闰江文化
出版发行　浙江大学出版社
　　　　　（杭州市天目山路148号　邮政编码310007）
　　　　　（网址：http://www.zjupress.com）
排　　版　杭州兴邦电子印务有限公司
印　　刷　浙江印刷集团有限公司
开　　本　710mm×1000mm　1/16
印　　张　16.5
字　　数　253千
版 印 次　2016年10月第1版　2016年10月第1次印刷
书　　号　ISBN 978-7-308-16346-0
定　　价　52.00元

编 委 会

前　言

　　智慧城市是一个高度抽象和浓缩的概念，是城市在多系统复杂交互作用下所呈现出的终极面貌。当前亟须通过全面梳理智慧城市的核心理念、实现路径和关键节点，形成科学可行的智慧城市建设通用思考路径，并搭建重点适当、全面完整、配套协调的智慧城市标准体系，推进智慧城市标准化建设。

　　智慧城市标准化建设必须抓住三个重点方向。一是抓好标准体系建设。针对智慧城市建设中暴露的"缺乏顶层设计和统筹规划"等问题，在国家和地方抓紧制定"十三五"规划和有关专项规划的重要节点上，将与智慧城市建设紧密相关的标准化工作作为规划的必要组成部分。二是推进重要标准研制。在城市管理的总体框架下，结合标准适用范围的大小和针对性的强弱进行差别化的设计排布。除已着力较多的信息安全、基础设施、信息通信技术等领域外，更应从规划计划、过程管理、数据共享等当前急需且重要的标准着手，系统性推进标准研制工作。三是重视和加强标准试验验证。通过标准的试验验证，为标准的大范围实施应用积累经验、探索路径，更有助于验证其在不同类型城市的适用性。

　　浙江省具有良好的智慧城市建设的基础和条件，浙江省委省政府高度重视智慧城市建设，将以智慧城市建设试点为主要载体的智慧浙江建设作为推进浙江经济结构调整和发展方式转变的战略举措，并出台了一系列举措务实推进智慧城市建设。

　　自2011年以来，浙江省智慧城市建设示范试点工作逐步推进。2011年8月，浙江省委省政府联合发布《关于加快培育发展战略性新兴产业的实施意见》，把开展智慧城市建设试点作为今后一个时期培育发展战略性新兴产业的一项重要任务。2011年9月，省政府与工信部、国家标准委联合签署《共同推进浙江省信息化与工业化深度融合和智慧城市建设试点战略合作框架协议》，初步形成智慧城市建设试点的"3＋X"指导推进模式。2011年3月至2012年2月，省政协组织开展"智慧浙江"建设重点课题调研，为试点工作的开展提供理论依据。2011年10

月，省政府办公厅下发《关于开展智慧城市建设试点工作的通知》，对智慧城市建设试点工作做出部署，通过申报和评审，明确了首批13个智慧城市建设示范试点项目。目前，全省范围内启动了20个智慧城市建设示范试点项目，遍及智慧健康、智慧旅游、智慧安居、智慧交通等领域。2012年3月，省信息化工作领导办公室下发《2012年智慧城市建设试点工作方案》，在方案中明确提出"加强标准研究建设"是试点工作中的主要任务之一。2015年4月，省信息化工作领导办公室下发《浙江省智慧城市标准化建设五年行动计划（2015—2019年）》，明确提出要做好智慧城市标准的前期研究，并按规定程序申报立项，加快标准制修订工作。

本书从基础知识、理论研究、实践经验、评价体系四大视角对智慧城市标准化建设进行了透视分析。首先，介绍标准化相关知识以及智慧城市标准化工作进展；其次，从理论视角总结凝练现有智慧城市标准体系和管理模式的研究逻辑，解决智慧城市标准化建设的原理问题；再次，高度嵌入国内外智慧城市建设的实践情境，层层剖析国内智慧城市标准化建设的现状、问题和体系框架，解决理论研究落地问题；最后，研究分析国内外智慧城市建设的指标评价体系，分析归纳城市所处阶段，对智慧城市建设成果进行量化计算、科学评测，以期更好地推动智慧城市标准化建设。本书既可作为城市建设者和管理者的参考读物，也可作为相关专业的教材使用。

本书由浙江省标准化研究院、浙江省智慧城市标准化技术委员会李宁主编，并得到浙江省哲学社科重点研究基地浙江省产业发展政策研究中心资助。本书在编写过程中，借鉴了许多专家学者的学术观点，并参阅了一些媒体杂志的报道资料，在此特别鸣谢。

由于时间仓促及编者水平有限，本书若有不妥之处，敬请读者批评指正。

编　者

2016年10月于杭州

目　录

第1章　标准化与智慧城市标准化

党的十八大提出，要通过促进工业化、信息化、城镇化、农业现代化的同步发展，加快形成新的经济发展方式，并提出智慧建设、生态城镇、美丽中国、小康社会的指导意见，积极推进智慧城市的创建工作。

智慧城市的建设目标是根据十八大的战略部署，智慧地建设生态城镇、美丽中国，全面建成小康社会。"智慧"在于通过工业化、信息化等先进技术，治理日益凸显的"城市病"，保障城市健康和谐发展；"城"是基础设施环境，"市"是人类的活动，"城"与"市"体现了人与环境、社会的依存关系。打造信息化、工业化和城市化高度融合的智慧城市，将成为城镇化发展的有力推动器。智慧城市的核心价值在于民生，在于城市让生活更加美好。

我国智慧城市建设整体上处于起步和发展阶段，不少城市在建设智慧城市时缺乏标准的支撑和引导，导致在规划和建设中缺乏依据，存在盲目投资建设的情况。所以，智慧城市的建设迫切需要尽快建立起完善的规范、应用及评价体系。

1.1　标准化基础知识

拿破仑最引以为傲的不是他的赫赫战功，而是他主导制定的《法国民法典》；秦始皇的伟大也不在于修筑了万里长城，而是统一了中国的度量衡。源远流长的标准化为人类文明的发展提供了重要的技术保障。当今世界，随着经济全球化的不断发展，作为规范市场、接轨国际的有效手段，标准化日趋重要。标准化水平已成为衡量各国各地区核心竞争力的基本要素。一个企业，乃至一个国家，要在激烈的国际竞争中立于不败之地，必须深刻认识到标准对国民经济与社会发展的重要意义。

1.1.1 标准与标准化的定义

（1）关于"标准"的定义

我国国家标准GB20000.1－2014《标准化工作指南 第1部分：标准化和相关活动的通用术语》对GB20000.1－2002《标准化工作指南 第1部分：标准化和相关活动的通用词汇》进行了修订，规定"标准"的含义是：通过标准化活动，按照规定的程序经协商一致制定，为各种活动或其结果提供规则、指南或特性，供共同使用和重复使用的文件。

注1：标准宜以科学、技术的综合成果为基础。

注2：规定的程序指制定标准的机构颁布的标准制定程序。

注3：诸如国际标准、区域标准、国家标准等，由于它们可以公开获得以及必要时通过修正或修订保持与最新技术水平同步，因此它们被视为构成了公认的技术规则。其他层次上通过的标准，诸如专业协（学）会标准、企业标准等，在地域上可影响几个国家。

标准的定义包含了几个关键要素：①目的：促进共同效益；②对象：各种活动或其结果；③内容：规则、指南或特性；④制定规则：制定标准的机构颁布的标准制定程序；⑤适用范围：既定范围内共同实施。与2002版对标准的定义相比，2014版对标准的定义不再限制标准必须由权威机构发布，而是由标准的制定机构按照自己颁布的标准制定程序制定，诸如专业协（学）会标准、企业标准等。

（2）关于"标准化"的定义

我国国家标准GB20000.1－2014《标准化工作指南 第1部分：标准化和相关活动的通用术语》中规定标准化的含义是：为了在既定范围内获得最佳秩序，促进共同效益，对现实问题或潜在问题确立共同使用和重复使用的条款以及编制、发布和应用文件的活动。

注1：标准化活动确立的条款，可形成标准化文件，包括标准和其他标准化文件。

注2：标准化的主要效益在于为了产品、过程或服务的预期目的改进它们的适用性，促进贸易、交流以及技术合作。

与2002版对标准化的定义相比，2014版对标准化的定义也强调了标准化的最终目的是"促进共同效益"，并将标准以外的其他标准化文件纳入标准化活动范围。

"标准"是"文件"；"标准化"是编制、发布和应用"文件"的一系列"活动"，如标准的制定，依据标准所进行的培训宣贯、检验检测、认证认可、监督抽查等。简单地说，"标准化"是有目的地制定、发布、应用标准化文件的活动。

1.1.2 标准的分级、种类与管理

(1) 标准的分级

1) 国际标准

国际标准是指由国际标准化组织制定并在世界范围内统一和使用的标准。例如由国际标准化组织（ISO）、国际电工委员会（IEC）、国际电信联盟（ITU）所制定的标准，以及被国际标准化组织确认并公布的其他国际组织所制定的标准。国际标准是世界各国各地区进行贸易的基本准则和基本要求。

2) 区域标准

区域标准是指由一个地理区域的国家代表组成的区域标准组织制定并在本区域内统一和使用的标准。例如欧洲标准化委员会（CEN）、亚洲标准咨询委员会（ASAC）、泛美技术标准委员会（COPANT）所制定的标准。区域标准是该区域国家集团间进行贸易的基本准则和基本要求。

3) 国家标准

国家标准是指由国家的官方标准机构或国家政府授权的有关机构批准、发布并在全国范围内统一和使用的标准。例如日本工业标准（JIS）、德国标准（DIN）、英国标准（BS）、美国标准（ANSI）等。

4) 行业标准

行业标准是指由一个国家内一个行业的标准机构制定并在一个行业内统一和使用的标准。例如我国电子行业标准（SJ）、通信行业标准（YD）等。

5) 地方标准

地方标准是指由一个国家内的某行政区域标准机构制定并在本行政区内

统一和使用的标准。

6）团体标准

团体标准是指由一个国家内一个团体制定的标准。例如美国试验与材料协会（ASTM）、德国电气工程师协会（VDE）、挪威电气设备检验与认证委员会（NEMKO）、日本电气学会电气标准调查会（JEC）等制定的标准。

7）企业标准

企业标准是指由一个企业（包括企业集团、公司）的标准机构制定并在本企业内统一和使用的标准。

（2）标准的种类

1）按约束力分类

按约束力，国家标准、行业标准可分为强制性标准、推荐性标准和指导性技术文件三种。这是我国特殊的标准种类划分法。在实行市场经济体制的国家，标准一般是自愿性的。

A. 强制性标准

强制性标准是指根据普遍性法律规定或法规中的唯一性引用加以强制应用的标准。《中华人民共和国标准化法》第七条中规定："保障人体健康，人身、财产安全的标准和法律、行政法规规定强制执行的标准是强制性标准。"

为使中国标准化工作适应社会主义市场发展的需要，并逐步同国际惯例接轨，进一步规范强制性标准的内容，2000年2月22日，原国家质量技术监督局发布了《关于强制性标准实行条文强制的若干规定》，对强制性标准的形式、强制性内容的范围、强制性标准的表述方式和强制性标准的编写方法都有明确的要求。

强制性标准的范围主要是：

● 保障人体健康、人身和设备安全的标准，以及产品在生产、储运和使用中的安全、卫生标准；

● 环境保护、电磁干扰标准；

● 直接关系到安全和卫生的符号、代号等通用技术语言标准；

● 对互换互联有严格要求，必须强行统一的接口和互换配合标准；

● 根据有关法律、行政法规或规定强制执行的标准。

强制性标准具有法律属性，在一定范围内通过法律、行政法规等强制手段加以实施。省、自治区、直辖市标准化行政主管部门制定的工业产品在安全、卫生要求方面的地方标准，在本行政区域内是强制性标准。强制性标准一经发布，凡从事科研、生产、经营的单位和个人，都必须严格执行，不符合强制性标准要求的产品，禁止生产、销售和进口。

B. 推荐性标准

除强制性标准范围以外的标准是推荐性标准。推荐性标准是在生产、交换、使用等方面，通过经济手段调节而自愿采用的一类标准，又称自愿性标准或非强制性标准。任何单位有权决定是否采用这类标准，违反这类标准不构成经济或法律方面的责任。但是，一经接受并采用，或各方商定同意纳入商品、经济合同之中，就成为共同遵守的技术依据，具有法律上的约束性，各方必须严格遵照执行。由于推荐性标准具有采用和执行的灵活性，所以它将随着市场经济的发展越来越受到重视。为了促进部分推荐性标准贯彻实施，国家通过经济的、行政的和法律的手段，比如采取生产许可证制度、质量认证制度、产品质量等级评定、产品质量监督抽查等，促使各有关单位执行推荐性标准。

C. 指导性技术文件

指导性技术文件是一种推荐性标准文件。它是为给仍处于技术发展过程中（如变化快的技术领域）的标准化工作提供指南或信息，供科研、设计、生产、使用和管理等有关人员参考使用而制定的标准文件。它与发布的标准有区别。国家标准化指导性技术文件通常涵盖两种项目：一种是采用ISO、IEC发布的技术报告的项目；另一种是技术尚在发展中，需要相应的规范性文件引导其发展，或具有标准化价值、尚不能制定为标准的项目。实践证明，我国标准化工作的发展需要这类标准文件。

2）按标准化对象分类

按标准化的对象，标准可分为技术标准、管理标准、工作标准和服务标准四大类。这四类标准根据其性质和内容又可分为许多小类。

A. 技术标准

技术标准是针对标准化领域中需要协调统一的技术事项所制定的标准。

技术标准一般包括基础标准、方法标准、产品标准、工艺标准、工艺设备标准，以及安全标准、卫生标准、环保标准等。

B. 管理标准

管理标准是针对标准化领域中需要协调统一的科学管理方法和管理技术所制定的标准。管理标准主要包括技术管理、生产安全管理、质量管理、设备能源管理和劳动组织管理标准等。

制定管理标准，是为了保证技术标准的贯彻执行，保证产品质量，提高经济效益，合理地组织、指挥生产和正确处理生产、交换、分配之间的相互关系，使各项管理工作合理化、规范化、制度化、高效化。

C. 工作标准

工作标准是按工作岗位制定的有关工作质量的标准，是对工作的范围、构成、程序、要求、效果、检查方法等所做的规定，是具体指导某项工作或某个加工工序的工作规范和操作规程。工作标准一般分为三种：专项管理业务工作标准、现场作业标准、工作程序标准。

D. 服务标准

服务标准是指规定服务应满足的要求以确保其适用性的标准。服务标准可以在诸如洗衣、饭店管理、运输、汽车维护、远程通信、保险、银行、贸易等服务领域内编制。服务标准按内容和性质主要可分为服务标准、服务提供标准、质量控制标准。

（3）标准的管理

我国的标准采用分级管理模式。《中华人民共和国标准化法》第六条有如下规定。

对需要在全国范围内统一的技术要求，应当制定国家标准。国家标准由国务院标准化行政主管部门制定。对没有国家标准而又需要在全国某个行业范围内统一的技术要求，可以制定行业标准。行业标准由国务院有关行政主管部门制定，并报国务院标准化行政主管部门备案，在公布国家标准之后，该项行业标准即行废止。对没有国家标准和行政标准而又需要在省、自治区、直辖市范围内统一的工业产品的安全、卫生要求，可以制定地方标准。地方标准由省、自治区、直辖市标准化行政主管部门制定，并报国务院标准化行政主管部门和国务院有关行政主管部门备案，在公布国家标准或者行业标准之后，该项地方标准即行废止。

企业生产的产品没有国家标准和行业标准的，应当制定企业标准，作为组织生产的依据。企业的产品标准须报当地政府标准化行政主管部门和有关行政主管部门备案。已有国家标准或者行业标准的，国家鼓励企业制定严于国家标准或者行业标准的企业标准，在企业内部适用。

法律对标准的制定另有规定的，依照法律的规定执行。

此外，第五条明确规定：国务院标准化行政主管部门统一管理全国标准化工作。国务院有关行政主管部门分工管理本部门、本行业的标准化工作。省、自治区、直辖市标准化行政主管部门统一管理本行政区域的标准化工作。省、自治区、直辖市政府有关行政主管部门分工管理本行政区域内本部门、本行业的标准化工作。市、县标准化行政主管部门和有关行政主管部门，按照省、自治区、直辖市政府规定的各自的职责，管理本行政区域内的标准化工作。

随着国民经济的发展，现行的标准化管理体制已不能适应社会主义市场经济发展的需要，存在一些标准管理"软"、标准体系"乱"和标准水平"低"的状况，在一定程度上影响了经济社会的发展。因此，国务院2015年3月11日发布《深化标准化工作改革方案》，提出要发挥市场在标准化资源配置中的决定性作用和更好地发挥政府作用，到2020年基本建成政府主导制定的标准与市场自主制定的标准协同发展、协调配套的新型标准体系。改革方案还包括：①建立高效、权威的标准化统筹协调机制；②整合精简强制性标准，逐步将现行的强制性国家标准、行业标准和地方标准整合成强制性国家标准一级；③优化完善推荐性标准，逐步缩减推荐性标准的规模和数量；④设立团体标准，鼓励具有相应能力的学会、协会、商会、联合会等社会组织和产业技术联盟制定团体标准，对团体标准不设行政许可，由社会组织和产业技术联盟自主制定发布，通过市场竞争优胜劣汰；⑤放开搞活企业标准，建立企业产品和服务标准自我声明公开和监督制度，逐步取消企业标准备案制度。

1.1.3 标准体系

(1) 标准体系的定义

标准体系是指一定范围内的标准按其内在联系形成的科学的有机整体。其中，"一定范围"可以指国际、区域、国家、行业、地区、企业范围，也可以指产品、项目、技术、事务范围；"有机整体"是指标准体系是一个整体，标准体系内各项标准之间具有内在的有机联系。

(2) 标准体系的特征

1) 结构性

标准体系内的标准按其内在联系分类排列，就形成了标准体系的结构形式。标准体系的基本结构形式有层次结构和过程结构两种。

①层次结构：标准对象的层次结构决定了标准体系的层次结构。

②过程结构：标准对象的过程结构决定了标准体系的过程结构。

2) 协调性

标准对象的内在联系决定了标准体系内各项标准的相关性。制定或修改其中任何一个标准，都必须考虑到对其他各相关标准的影响，如公差配合、阻抗匹配、接口方式、结构尺寸、参数系列、产品系列、信息表示方法等，使所有相关标准相互协调、相互配合，避免相互矛盾。

3) 整体性

按标准对象的内在联系形成的标准整体并非是个体标准的简单相加。对一个孤立的标准，人们往往关注该标准提出的具体要求是否合理。当把该标准置于标准体系之中后，人们才能看出，要实现该标准规定的要求，需要其他一系列标准相配合。如果标准体系不完备，该标准所规定的要求最终将难以实现。

4) 目的性

任何标准体系都有其明确的目的。一个产品标准体系是为保证产品质量服务的，一个项目标准体系是为保证项目成功服务的，一个企业标准体系是为保证企业生产经营活动正常进行服务的。标准体系的目的性决定了标准体系内各项标准应具备的内容和应达到的水平，从而能以较少的投入获得较理想的效应。

1.1.4　标准化的原则

（1）简化

简化是指为了经济有效地满足需要，对标准化对象的结构、型式、规格或其他性能进行筛选提炼，剔除其中多余的、低效能的、可替换的环节，精炼并确定出能够满足全面需要所必要的高效能的环节，保持整体构成精简合理，使之功能效率最高。简化包含以下几个要点：

①简化的目的是为了经济、有效地满足需要；

②简化的原则是从全面满足需要出发，保持整体构成精简合理，使之功能效率最高；

③简化的基本方法是对处于自然存在状态的对象进行科学的筛选提炼，剔除其中多余的、低效能的、可替换的环节，精炼出能满足全面需要所必要的高效能的环节；

④简化的实质不是简单化，而是精炼化，其结果不是以少替多，而是以少胜多。

（2）统一

统一是指为了保证事物发展所必需的秩序和效率，对事物的形成、功能或其他特性，确定适合于一定时期和一定条件的一致规范，并使这种一致规范与被取代的对象在功能上达到等效。统一包含以下几个要点：

①统一的目的是为了确定一组对象的一致规范，保证事物所必需的秩序和效率；

②统一的原则是功能等效，从一组对象中选择确定的一致规范，该规范应能包含被取代对象所具备的必要功能；

③统一是相对的，是确定的一致规范，只适用于一定时期和一定条件，随着时间的推移和条件的改变，旧的统一会被新的统一所代替。

（3）协调

协调是指为了使标准系统的整体功能达到最佳，并产生实际效果，必须通过有效的方式协调好系统内外相关因素之间的关系，确定为建立和保持相互一致、适应或平衡关系所必须具备的条件。协调包含以下几个要点：

①协调的目的在于使标准系统的整体功能达到最佳并产生实际效果；

②协调对象是系统内相关因素的关系以及系统与外部相关因素的关系；

③相关因素之间需要建立相互一致关系（连接尺寸）、相互适应关系（供需交接条件）、相互平衡关系（技术经济招标平衡和有关各方利益矛盾的平衡），为此必须确立条件；

④协调的有效方式包括有关各方面的协商一致、多因素的综合效果最优化、多因素矛盾的综合平衡等。

（4）最优化

最优化是指按照特定的目标，在一定的限制条件下，对标准系统的构成因素及其关系进行选择、设计或调整，使之达到最理想的效果。这样的标准化原理称为最优化原理。

最优化的一般程序包括确定目标、收集资料、建立数学模型、计算机编程计算、评价和决策。

企业在标准化活动中始终贯穿了"最优化"意识，也就是依据企业确定的方针目标，在一定的条件下，对企业标准体系构成要素及其相互关系进行优化选择，使企业标准体系的实施达到最佳效果。

1.2 智慧城市建设

1.2.1 智慧城市概念

智慧城市（smart city）是20世纪末以来全世界范围内出现的关于未来城市发展的新的理念和形态。本节从智慧城市的理论基础、智慧城市概念的提出、智慧城市观点、智慧城市的内涵特征、智慧城市的建设意义等方面梳理解析智慧城市的概念。

（1）智慧城市的理论基础

智慧城市是一个多学科交叉性的科学理论，涉及的学科主要有城市学、系统学、城市社会学、城市经济学、城市管理学、城市生态学等。智慧城市的建设绝非是解决城市建设在理论与技术层面的相关问题那么简单，而是要在城市建设过程中不断克服来自科技、市场、政府等方面的影响，是一项复杂的系统工程。因此，对智慧城市的理论基础进行介绍显得极为重要。

1）**城市系统工程理论**

古希腊的唯物主义哲学家德谟克利特曾提出"宇宙大系统"的概念，并最早使用"系统"一词；辩证法奠基人之一的赫拉克利特认为，"世界是包括一切的整体"；后人把亚里士多德的名言归结为"整体大于部分的总和"，这是系统论的基本原则之一。

系统工程（systems engineering）是为了合理开发、运营和革新某一大规模复杂系统所需要的整体思想、方法与技术的总称，它属于系统工程当中工程技术的范畴。系统工程以问题导向为原则，按照整体协调的思想，将系统所涉及的自然科学、社会科学、管理学等领域的相关思想、方法论、基础理论等有机结合在一起，采用定量与定性相结合的分析方法，结合现代信息技术手段，对系统进行构成要素、组织结构、功能配置、信息交换等方面的分析，最终实现系统整体规划、合理开发、科学管理、可持续发展的目的。

城市系统工程就是将系统工程的方法论运用到城市系统中，即应用系统工程方法对城市系统进行合理的开发、分析和优化，其理论基础除了包括系统工程的相关学科，还涉及与城市相关的学科，如城市经济学、城市生态学、城市规划学等。城市系统工程方法论包括建模方法和优化方法（见图1.1）。

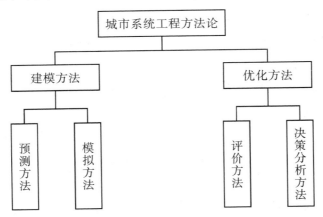

图1.1 城市系统工程理论框架

智慧城市是一个复杂的系统工程，系统涉及网络、基础设施、环境等城市的方方面面，系统各要素之间相互联系、相互促进、彼此影响，借助物联网将嵌在城市系统中各要素中的传感器连接起来，利用云计算等先进的技术对信息进行智能处理和分析，使城市系统能够持续高效地运行。

2）城市可持续发展理论

可持续发展（sustainable development）这一词汇在1980年由国际自然资源保护联合会、联合国环境规划署和世界自然基金会共同出版的文件《世界自然保护策略：为了可持续发展的生存资源保护》中第一次出现。可持续发展是一种关于发展的新的战略思想，是从更高层次和更加长远的、整体的战略地位看待人类生存、发展与自然环境之间的关系的战略思想。关于可持续发展的定义，不同国家和地区、不同的学者有不同的理解。1987年，世界环境与发展委员会的报告《我们共同的未来》提出，"所谓可持续发展是既满足当代人的需要又不对后代人满足其需要的能力构成危害的发展"，这一定义被国际社会普遍接受。

城市可持续发展是可持续发展思想在城市发展中的具体体现，与可持续发展之间没有本质的区别。城市可持续发展要求在城市发展过程中合理解决自然资源与经济发展之间的矛盾，在实现经济健康发展的同时，尽可能减少对自然资源的消耗性索取和对生态环境的建设性破坏。城市可持续发展是一个多目标、多层次体系，是追求经济发展、社会进步、资源环境的持续支持以及持续发展能力协调发展的多目标模式，以实现人与人之间、人与城市和自然之间的高度融合和协调发展。

智慧城市是在城市化进程加速发展的大背景下出现的，为城市化发展和城市可持续发展提供了有利的条件，智慧城市的建设是实现城市可持续发展、城市化加速前进的重要途径。

智慧城市能够充分发掘和利用各种信息资源，可以通过加强对高能耗、高物耗、高污染行业的监测、预警和控制，实现经济发展的同时不对环境造成负面影响，实现经济与环境协调可持续发展；可以通过合理调配和使用水资源、电力资源、石油资源等，达到资源供给均衡，减少浪费，实现资源节约型、环境友好型社会和可持续发展的目标。

3）城市生态学理论

城市生态学（urban ecology）的思想伴随着城市问题的出现而形成。20世纪初，国外学者将自然生态学中的某些基本原理运用到城市问题的研究当中，开创了城市与人类生态学的开端。城市生态学是从生态学和系统学的视角重新审视人类城市，以城市空间范围内生命系统和环境系统之间的联系为研究对象的一门学科。由于城市居民是城市的主体，因此城市生态学同时也是研究城市居民活动与环境变化关系的学科。居民作为城市的主体在城市中从事各种活动，且会对城市环境系统的变化产生影响。城市生态学是在研究城市居民与环境系统关系的基础上，寻求彼此和谐发展，从而形成有益于居民生活与环境发展的生态系统的方法。

居民在城市中的种种活动（如居民的空间分布及变动、生活垃圾的处理等）必然会与城市环境系统产生冲突。而人们依照生态学理论对城市进行智慧化处理，可将城市建设成一个社会、经济等高效运转，自然资源合理利用，城市生态系统良性循环的美好人类栖息地。智慧城市将实现城市环境自动保护、生态系统自我修复，同时社会更加和谐，城市更加宜居。因此，智慧城市的建设与发展充分体现了城市生态学理论的理念与要求，将其理念应用到智慧城市的建设当中具有充分的合理性和先进的科学性。

4）城市信息化测度理论

城市信息化测度是指对某一时期城市信息化发展水平进行定性与定量研究，利用相关数据或信息，按照一定的方法进行测算、评估，以展现此时期城市信息化的实际水平及未来的发展趋势，并对城市决策部门做出理论指导。国外关于信息化测度的研究始于20世纪中叶，在理论与实践中都取得了显著成果，研究成果涵盖社会经济、基础设施、产业发展等各个方面。国内信息化测度方面的研究还处于初级阶段，因此专门的城市信息化测评体系还比较少，更多的是对一个国家或者地区的信息水平进行评估，而具有政策导向作用的城市信息化测评体系研究与国外发达国家相比还有不小的差距。

（2）智慧城市概念的提出

"智慧城市"一词在1984年由美国拉斯维加斯一家以"智慧城市"命名的产业技术协会提出。

1990年美国圣弗朗西斯科的一次国际会议以智慧城市（smart city）、快速系统（fast systems）、全球网络（global networks）为主题，探寻了城市通过信息技术聚合"智慧"以形成可持续的城市竞争力的成功经验，会后正式出版的文集 *The Technopolis Phenomenon: Smart Cities*，*Fast Systems*，*Global Networks* 是关于智慧城市研究的早期记录。

智慧城市成为全球城市发展关注热点的标志性事件是2008年时任IBM总裁兼首席执行官的彭明盛在美国纽约市外交关系委员会发表"智慧地球：下一代的领导议程"的演讲，提出智慧地球的概念。在2009年奥巴马就任美国总统后的一次美国工商业领袖圆桌会议上，彭明盛再次提出"智慧地球"这一概念，建议新政府投资新一代的智慧型基础设施，阐明其短期和长期效益。奥巴马对此给予了积极回应，美国政府将它写入了国家创新战略。

2009年，IBM发布报告《智慧地球赢在中国》，随后又发布报告《智慧城市在中国》，提出"智慧城市"的愿景。智慧地球是智慧城市的延伸发展，智慧城市是智慧地球的体现和组成部分。

（3）智慧城市观点

国内外学者、专家、研究机构以及企业等对智慧城市的概念提出了各自的研究观点，这些观点对我们全面、系统、透彻地理解智慧城市具有极大的借鉴意义，各方观点梳理汇总如下。

1）部委观点

国家发展和改革委员会在《关于促进我国智慧城市健康发展的指导意见》中指出，智慧城市是当今世界城市发展的新理念和新模式，是城市可持续发展需求与新一代信息技术应用相结合的产物。建设智慧城市有利于促进城市规划设计科学化、公共服务普惠化、社会管理精细化、基础设施智能化和产业发展现代化，对全面提升城镇化发展质量和水平，促进工业化、信息化、城镇化、农业现代化同步发展具有重要意义。

国土资源部认为，智慧城市是数字城市的智能化，是数字城市功能的延伸、拓展和升华，利用云计算技术对实时感知数据进行处理并提供智能化服务。"智慧城市"通过物联网把"数字城市"与"物理城市"连接在一起，本质上是物联网与"数字城市"的融合。

住房和城乡建设部认为,智慧城市的本质是通过综合运用现代科学技术整合信息资源、统筹业务应用系统、优化城市规划建设和管理的新模式,是一种新的城市管理生态系统。

2)国内外研究机构、学者观点

2009年,哈佛大学商学院提出了智慧城市宣言:为了使我们的城市和社区更智慧,我们自身必须要更加智慧地搜集信息,实现交互和协作;在不久的将来,领导们将结合技术和社会创新,创建一个更智慧的地球,并以智慧城市、智能社区为节点来服务于城市居民的生活。

美国麻省理工学院认为,城市是由不同子系统组成的大系统,在系统整合的每个层面都存在大量机会引入数字神经系统、智能响应和最优化,这涵盖了个人、建筑和整个城市的设备设施。通过横向沟通,智慧城市有可能协同不同系统的运作,从而实现效率提升和可持续发展。

维也纳技术大学区域科学中心(SRF)认为,智慧城市可以从智慧经济、智慧人群、智慧治理、智慧流动、智慧环境、智慧居住六大维度来界定。

在IBM的《智慧城市在中国》白皮书中,智慧城市被定义为:能够充分运用信息和通信技术手段感测、分析、整合城市运行核心系统的各项关键信息,从而对于包括民生、环保、公共安全、城市服务、工商业活动在内的各种需求做出智能的响应,为人类创造更美好的城市生活。

国际数据公司(IDC)认为,智慧城市能够提供无所不在的联机、先进的宽带服务、完整的无线环境,利用IP-enabled的装置互联沟通,通过一个中央管控中心来管理,让所有的居民和访客在任何地点都可以获得身边环境中的实时信息。

美国城市规划专家Roger Caves博士认为,智慧城市应用信息科技来转变整个城市的发展,包括提供更多更佳的公众服务,促进经济发展,发展远程医疗服务或教学。智慧城市不会依赖于单一技术,而是应用各种不同科技来解决城市中各种各样的特性需求。

中国科学院、中国工程院院士李德仁认为,智慧城市是城市全面数字化基础之上建立的可视化和可量测的智能化城市管理和运营,即"数字城市+物联网=智慧城市",包括城市的信息、数据基础设施,以及在此基础上建立网络化的城市信息管理平台与综合决策支撑平台。

中国工程院院士王家耀认为，智慧城市就是通过互联网把无处不在的、被植入城市物体的智能化传感器连接起来，形成物联网，实现对物理城市的全面感知，利用云计算等技术对感知信息进行智能处理和分析，实现网上"数字城市"与物联网的融合，并发出指令，对包括政务、民生、环境、公共安全、城市服务、工商活动等在内的各种需求做出智能化响应和智能化决策支持。

国际欧亚科学院院士王钦敏提出，智慧城市充分利用信息化相关技术，通过监测、分析、整合以及智能响应等方式，综合各职能部门，整合优化现有资源，提供更好的服务，打造绿色的环境、和谐的社会，保证城市可持续发展，为企业及大众建设一个良好的工作、生活和休闲环境。

我国工业和信息化部中国电子信息产业发展研究院在《中国智慧城市体系结构与发展研究报告》中对"智慧城市"做出了这样的解释："智慧城市是一种全新的城市形态，构建了支撑城市发展的智慧化环境。它运用物联网、云计算、光网络、移动互联网等前沿信息技术手段，把城市里分散的、各自为政的信息化系统整合起来，提升为一个具有较好协同能力和调控能力的有机整体，对公众服务、社会管理、产业运作等活动的各种需求做出智能的响应。"

以上各种观点视角不同，发展思路不一，但有共同点和交叉点：城市智慧的发展，让城市生活更美好。

（4）智慧城市的内涵特征

从智慧城市的内涵方面分析，智慧城市是以推进实体基础设施和信息基础设施相融合、构建城市智能基础设施为基础，以物联网、云计算、大数据、移动互联网等新一代信息通信技术在城市经济社会发展各领域的充分运用为主线，以最大限度地开发、整合和利用各类城市信息资源为核心，以为居民、企业和社会提供及时、互动、高效的信息服务为手段，以全面提升城市规划发展能力、提高城市公共设施水平、增强城市公共服务能力、激发城市新兴业态活力为宗旨，通过智慧的应用和解决方案，实现智慧的感知、建模、分析、集成和处理，以更加精细和动态的方式提升城市运行管理水平、政府行政效能、公共服务能力和市民生活质量，推进城市科学发展、跨越发展、率先发展、和谐发展，从而使城市达到前所未有的高度"智慧"状态。智慧城市为人类生活提供更好的服务，实质上是发展城市的一种新思维，也是城市治理和社会发展的新模式、新形态。

智慧城市具备以下特征。

①以人为本思想。智慧城市的建设利用遍布各处的传感器和智能设备组成网络，对城市运行的核心系统进行测量、监控和分析，以人的需求为根本出发点，以个体推动社会进步，以人的发展为本，让城市中的人类生活更美好。

②全面感知互联。智慧城市通过感知技术，对人、物的相关信息进行全面的感知与互联，形成城市智慧的泛在信息源。

③高效协同运作。实现泛在信息之间的无缝连接、协同联动，实现自动反应、主动服务、辅助决策，使得基于智慧的基础设施、城市里的各个关键系统和参与者进行和谐高效的协作，达到城市运行的最佳状态。

④共享创新发展。鼓励政府部门、企业和公众在智慧化基础设施之上进行科技和业务的创新应用，为城市提供源源不断的发展动力。

当前，智慧城市已经延伸到了社会的各个领域，包括智慧政务、智慧公共安全、智慧交通、智慧教育、智慧物流、智慧社区、智慧健康、智慧金融、智慧能源与环境、智慧文化娱乐、智慧贸易等。

(5) 智慧城市的建设意义

1) 智慧城市是我国城市发展的必然趋势

21世纪，城市发展的速度和规模迅速增加，城镇化进程更是呈现出了加速发展的趋势。在过去的十年里，我国城镇化率以每年1.35%的速度发展，城镇人口年平均增长约0.2亿人。智慧城市作为信息化与城镇化的深度融合产物，充分利用新一代技术，打造智能化的城市系统，建立高效化的城市运行体系和绿色化的城市经济，为我国城市转型升级提供重要方向。智慧城市将集聚更多的人才和技术，增强社会管理服务的创新能力，促进新一轮城市建设及新兴产业发展，激活上万亿元的市场规模，使城市经济体的作用更加突出，可以成为我国经济社会可持续发展的新引擎，有力驱动整个社会系统协同、健康发展。

2）智慧城市建设是推进我国社会进步的重要战略

随着信息社会的快速发展及互联网思维的全面影响，智慧城市已成为各个城市抢占信息技术制高点及促进新兴产业发展的重大机遇。《国家新型城镇化规划（2014—2020年）》和《国务院关于促进信息消费扩大内需的若干意见》均明确提出加快智慧城市建设。由发改委、工信部、科技部等八部委联合发布的《关于促进智慧城市健康发展的指导意见》提出到2020年建成一批特色鲜明的智慧城市的目标。李克强总理在2015年政府工作报告中明确提出要发展智慧城市建设，这是"智慧城市"一词首次写进国家层面的政府工作报告。智慧城市建设已然成为我国解决城市发展难题、实现城市可持续发展不可逆转的潮流。

3）智慧城市建设是提升我国经济发展水平的重要引擎

智慧城市建设将带动一大批具有广阔市场前景的新兴产业的崛起，催生我国新的经济增长点，促进消费升级、产业转型和民生改善，转变政府行为方式，提高政府工作效率，提高城市管理水平，提升城市的综合竞争力。因此，智慧城市是一项既利当前又利长远、既稳增长又调结构的重要举措。智慧城市建设已经并将持续推动众多领域的智慧化发展，例如智慧交通、智慧电网、智慧建筑、智慧医疗、智慧环境、智慧政府等，从而带动一大批新兴产业集聚化发展，提高我国经济发展的质量。

4）智慧城市建设是实现我国可持续发展的重要途径

自2010年我国全面展开智慧城市建设以来，智慧城市在我国受到了前所未有的关注，并在政府、企业、市民等共同推动下有了较大发展。与此同时，我国又提出要把生态文明理念和原则全面融入城镇化建设全过程，走集约、智能、绿色、低碳的新型城镇化道路。显然，我国的智慧城市建设也必须坚持以人为本的可持续发展思路。只有这样，才能使城市环境和资源得到合理配置，才能使人得到全面发展，进而推动经济社会的和谐发展。事实上，现阶段我国的城镇化正处于快速发展的关键时期，仍面临着城镇化进程相对滞后、结构性矛盾突出、城镇承载力不强、城市运行欠佳、城市特色不强、城乡发展不协调等问题，这不仅制约了城市经济的发展，也大大降低了市民的幸福指数。所以，智慧城市建设与市民的利益息息相关，我国智慧城市建设也必须以人为核心,这不仅是广大市民的普遍愿望,也是决定智慧城市能否可持续建设运营的关键因素。

1.2.2 智慧城市关键技术体系

智慧城市技术作为解决城市发展问题的重要手段,以物联网、云计算等新一代技术为核心的建设理念,通过全面而透明地感知信息、广泛而安全地传递信息、智慧而高效地处理信息,有利于提高城市管理与运转效率,有利于提升城市服务水平,有利于促进城市的可持续、跨越式发展。以此构建新的城市发展形态,使城市自动感知、有效决策与调控,让市民感受到智慧城市带来的智慧服务和应用。

智慧城市技术参考模型如图1.2所示。最顶层是服务对象,具体包括了社会公众、企业用户和城市管理决策用户。不同的访问渠道将以服务对象为中心,统一在一起,实现多渠道统一接入。最底层是外围的自然和社会环境,是整个参考模型的数据采集源。

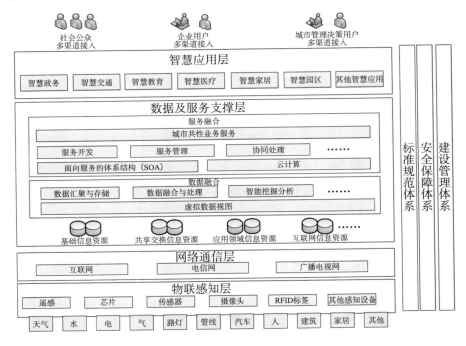

图1.2 智慧城市技术参考模型

智慧城市技术参考模型的核心部分从城市信息化整体建设角度，提出了智慧城市建设所需要具备的四个层次要素和三个支撑体系，横向层次要素的上层对于其下层具有依赖关系；纵向支撑体系对于四个横向层次要素具有约束关系。

（1）物联感知层

智慧城市的物联感知层主要提供对环境的智能感知能力，通过物联网技术为核心，通过芯片、传感器、射频识别（RFID）、摄像头等手段实现对城市范围内基础设施、环境、建筑、安全等方面信息的识别、采集、监测和控制。其中主要的技术有射频识别技术、传感技术和智能嵌入技术。

1）射频识别技术

射频识别系统通常由电子标签和阅读器组成。电子标签内存有一定格式的标识物体信息的电子数据，是未来几年代替条形码走进物联网时代的关键自动识别技术之一。该技术具有一定的优势：能够轻易嵌入或附着，并对所附着的物体进行追踪定位；读取距离更远；存取数据时间更短；标签的数据存取有密码保护，安全性更高。

2）传感技术

传感技术用于从自然信源获取信息，并对其进行处理（变换）和识别。传感器负责实现物联网中物与物、物与人、人与人之间的信息交互。传感技术作为一种全新的信息获取和处理技术，利用压缩、识别、融合和重建等多种方法来处理信息，以满足无线多媒体传感器网络多样化应用的需求。

3）智能嵌入技术

智能嵌入技术以应用为中心，以计算机技术为基础，并且软硬件可裁剪，适用于应用系统对功能、可靠性、成本、体积、功耗有严格要求的专用计算机系统。它一般由嵌入式微处理器、外围硬件设备、嵌入式操作系统以及用户的应用程序等四个部分组成，用于实现对其他设备的控制、监视或管理。

（2）网络通信层

智慧城市网络通信层的主要目标是建设普适、共享、便捷、高速的网络通信基础设施，为城市级信息的流动和共享提供基础。本层重点是互联网、电信网、广播电视网以及三网之间的融合，从而建设城市级大容量、高带宽、高可靠的光网络和全城覆盖的无线宽带网络。

从技术角度而言，智慧城市网络通信层要求具有融合、移动、协调、宽带、泛在的特性。

1）融合

要在"三网融合"的基础上，开展技术融合、业务融合、行业融合、终端融合及网络融合。目前更主要的是应用层次上互相使用统一的通信协议。IP优化光网络就是新一代电信网的基础，是三网融合的结合点。

2）移动

利用 GSM/GPRS、3G、WLAN、4G TD-LTE 等宽带无线接入技术建成覆盖全地区的无线接入网，实现全部公共城市、企业、家庭、校园的无线网覆盖，实现无时无刻、无处不在的无线移动网络应用。

3）协调

无线接入网基站建设应考虑与 GSM、3G 及 4G TD-LTE 的建设相协调，避免后期多次选站、多次协调。以 TD-LTE 为代表的 4G 通信技术具有超高无线带宽能力，最高速率下行达到100Mbps，上行达到50Mbps，将大大改善城市移动实时视频体验。

4）宽带

打造城市光网，统一采用"综合业务接入点＋主干光缆＋配线光缆＋末端光缆＋驻地网"的模式进行规划和建设；加快智慧城市光网和光纤到户的发展，加速宽带发展，使市民进入智慧宽带的时代，满足家庭和个人的互联网、IPTV、高清电视、VOIP、视频监控等高带宽服务，实现全城的光网络覆盖，全部家庭的光纤接入。

5）泛在

采用传感器、射频识别技术、全球定位系统（GPS）等技术，构建泛在的物联网，实时采集任何需要监控、连接、互动的物体或过程，采集其声、光、热、电、力学、化学、生物、位置等各种需要的信息，通过各类可能的网络接入，实现物与物、物与人的泛在连接，实现对物品和过程的智能化感知、识别和管理。

（3）数据及服务支撑层

智慧城市的数据及服务支撑层是智慧城市建设的核心内容，通过本层实现城市级信息资源的聚合、共享、共用，并为各类智慧应用提供支撑。数据和信息已被认为是城市物质、智力之外的第三类重要的战略性资源，数据融合和信息共享是支撑城市更加"智慧"的关键。SOA、云计算、大数据等技术的应用在本层中起到了关键的技术支撑作用。

1）数据资源

城市的数据资源包括城市基础信息资源、共享交换信息资源、应用领域信息资源、互联网信息资源和各相关行业部门根据各自需求建立的相关数据库，以及IDC（或数据中心）、安全基础设施等。

①基础信息资源是指智慧城市建设需要的基本信息，内容涵盖人口基础信息库、法人单位基础信息库、自然资源和空间地理基础信息库、宏观经济信息数据库"四库"在内的基础数据。

②共享交换信息资源是指需要跨部门和系统进行共享的信息资源，利用统一的数据共享交换标准体系，规范整合各类数据资源，实现跨地域、跨部门、跨层次的综合信息共享，同时提供完善的权限管理机制以及对共享数据的更新和维护机制，实现对共享数据的及时更新。

③应用领域信息资源是指业务专用信息资源，将同一应用领域不同类型的数据进行规范、整合，形成该应用领域的数据资源体系，并对外提供统一的数据共享和信息服务，支持综合分析和判断，以实现全方位管理城市的目标。

④互联网信息资源覆盖了城市生活的方方面面，构成了一个信息社会的缩影，支持对互联网承载信息高度智能化的整合处理，实现对资源的充分利用。

2）数据融合

从数据处理的层面看，数据融合包括海量数据汇聚与存储、数据融合与处理、智能挖掘分析以及虚拟数据视图。

①海量数据汇聚与存储对整个智慧城市的数据系统而言十分重要，因为智慧城市要实现"智慧"运作，需要对分布的、海量的数据进行汇聚、处理、分析。

②数据融合与处理包括对各种信息源给出的有用信息的采集、传输、综

合及过滤，处理和协调多信息源、多平台和多用户系统的数据信息，保证数据处理系统各单元与汇集中心间的连通性与及时通信。

③智能挖掘分析是指对海量的城市数据进行自动分析、分类、汇总、发现，描述数据中的趋势，标记异常等，从而将获取的有用信息和知识运用于应用领域信息资源。

④虚拟数据视图是指一个拥有完整数据（信息）集合的主体所面对的世界的一个数字化映像。对于一个主体所拥有的信息总集合，可以从不同的角度提取信息的子集，这些子集相当于信息总集合所构成的虚拟世界在某一个特定维度上的投影。当建立了虚拟世界的一个外部映像之后，能够逐层构建出其他更加丰富的应用。这些应用可以从不同的角度进行分类和构建，如围绕时间维度的应用、围绕空间维度的应用、围绕不同实体维度的应用等。

3）服务融合

服务融合的主要作用是通过对下层提供的各类数据资源和应用系统资源进行统一的服务化封装、处理及管理，为构建上层各类智慧应用提供统一支撑平台。服务融合处于智慧城市总体参考模型的中上层，具有重要的承上启下的作用，主要通过SOA来实现，为上层应用提供的服务模式可以是云服务。本部分除了SOA技术及云计算技术两方面通用技术之外，主要还包括服务开发、服务管理、协同处理和城市共性业务服务。

①服务开发为服务开发商提供了从开发、调试到部署的服务开发全流程支持，能提高服务开发商的交付质量和交付能力，降低交付成本，促进业务产品与技术平台相分离。

②服务管理以服务对象为中心，对所有服务资源进行重组，并对平台内服务的运行进行维护、管控和治理。

③协同处理建立在分布式计算和数据共享的基础上，可以方便地进行业务部署和开通，快速发现和恢复系统故障，通过自动化、智能化的手段实现大规模系统的可靠运营。

④城市共性业务服务在数据和服务融合的基础上，提供面向城市级的公共、共性信息类服务，包括位置服务、视频点播服务、社交网络服务、虚拟现实服务等，为城市级公共服务以及各领域智慧应用建设提供统一支撑。

（4）智慧应用层

在智慧城市的技术参考模型中，应用层主要是指在物联感知层、网络通信层、数据及服务支撑层基础上建立的各种智慧应用。智慧应用端是数据具体领域的业务需求，对及时掌握的各类感知信息进行综合加工和智能分析，借助统计、分析、预测、仿真等手段所构建的智慧应用体。通过发展支撑性智慧产业，确保政府、企业、公众的目的和意愿得到充分落实，为政府、企业和个人提供更加精细化、智能化的服务。应用层的建设可以促进各行业信息化和智慧化的发展，比如智慧政务、智慧交通、智慧教育、智慧医疗、智慧家居、智慧园区等，为社会公众、企业用户、城市管理决策用户等提供整体的信息化应用和服务，促进城市实现智能化运行、高效的社会管理和普适的公共服务，同时可以带动城市的现代化产业体系发展。

（5）标准规范体系

智慧城市建设中整体所需的标准体系，涉及各横向层次，指导和规范智慧城市的整体建设，确保智慧城市建设的开放性、柔性和可扩展性。具体内容见第4章。

（6）安全保障体系

智慧城市建设需要完善的信息安全保障体系，以提升城市基础信息网络、核心要害信息及系统的安全可控水平，为智慧城市建设提供可靠的信息安全保障环境。从技术角度看，信息安全保障体系的重点是构建统一的信息安全保障平台，实现统一入口、统一认证，涉及各横向层次。

1）构建安全体系

随着计算机科学技术的不断发展，计算机产品的不断增加，信息系统也变得越来越复杂。但是无论如何发展，任何一个信息系统都由计算环境、区域边界、通信网络三个层次组成。所谓计算环境就是用户的工作环境，由完成信息存储与处理的计算机系统硬件、系统软件、外部设备及其连接部件组成，计算环境的安全是信息系统安全的核心，是授权和访问控制的源头；区域边界是计算环境的边界，对进入和流出计算环境的信息实施控制和保护；通信网络是计算环境之间实现信息传输功能的部分。在这三个层次中，如果每一个使用者都是经过认证和授权的，其操作都是符合规定的，那么就不会产生攻击性的事故，就能保证整个信息系统的安全。

2）建立全程访问控制机制

访问控制机制是信息系统中敏感信息保护的核心，依据GB17859 – 1999《计算机信息系统安全保护等级划分准则》，信息系统安全保护环境的设计策略，应"提供有关安全策略模型、数据标记以及主体对客体强制访问控制"的相关要求。基于"一个中心支撑下的三重保障体系结构"的安全保护环境，构造非形式化的安全策略模型，对主客体进行安全标记，并以此为基础，按照访问控制规则实现对所有主体及其所控制的客体的强制访问控制。安全管理中心统一制定和下发访问控制策略，在安全计算环境、安全区域边界、安全通信网络实施统一的全程访问控制，阻止对非授权用户的访问行为以及授权用户的非授权访问行为。

3）加强终端防护控制

终端是一切不安全问题的根源，终端安全是信息系统安全的源头。如果在终端积极防御、综合防范，努力消除不安全问题的根源，那么重要信息就不会从终端泄露出去，病毒、木马也无法入侵终端，内部恶意用户更是无法从网内攻击信息系统。如此，防范内部用户攻击的问题迎刃而解。

安全操作系统是终端安全的核心和基础。如果没有安全操作系统的支撑，终端安全就毫无保障。实现基础核心层的纵深防御需要高安全等级操作系统的支撑，并以此为基础实施深层次的人、技术和操作的控制。

4）构建安全应用支撑平台

城市的信息系统不仅包括单机模式的应用，还包括C/S和B/S模式的应用。虽然很多应用系统本身具有一定的安全机制，如身份认证、权限控制等，但是这些安全机制容易被篡改和旁路，致使敏感信息的安全难以得到有效保护。另外，由于应用系统的复杂性，修改现有应用也是不现实的。因此，在不修改现有应用的前提下，需要以保护应用的安全为目标，构筑安全应用支撑平台。

采用安全封装的方式可实现对应用服务的访问控制。应用服务的安全封装主要由可信计算环境、资源隔离和输入输出安全检查来实现。通过可信计算的基础保障机制建立可信应用环境，通过资源隔离限制特定进程对特定文件的访问权限，从而将应用服务隔离在一个受保护的环境中，不受外界的干扰，确保应用服务相关的客体资源不会被非授权用户访问。输入输出安全检查截获并分析用户和应用服务之间的交互请求，由此防范非法的输入和输出。

（7）建设管理体系

智慧城市的建设管理体系是智慧城市建设顺利推进的重要保障，包括建设、运行和运营管理三个方面，确保城市信息化建设促进城市基础设施智能化、公共服务均等化、社会管理高效化、生态环境可持续以及产业体系现代化，以全面保障智慧城市规划的有效实施。

从技术角度，城市信息基础设施和信息资源的建设与使用宜采用开放的体系结构，通过建立以信息资源汇聚处理和公共服务为核心的城市运行平台，以开放的标准促进各系统互联互通，为智慧城市建设提供运营和运行管理服务，涉及参考模型中的各横向层次。智慧城市运营和运行管理体系的目标是确保智慧城市建设的长效性，可为政府、服务提供商开展各种服务提供一个开放的信息资源平台集群，从而带动城市服务产业的发展。

从智慧城市建设管理质量保障角度，宜制定中远期规划，加强前期规划，系统布局，分步实施，加强对资金投入的预算管理，特别是科学开展软件及信息技术服务部分的成本度量，确保投入充足资金的同时提高资金使用效率。在建设期，要配套完善、独立的工程质量保障体系，严格审查建设单位的资质，优先选择经过行业协会等独立第三方评定的具有优秀质量胜任力的建设单位。相比传统的信息化，智慧城市建设强调对城市公共、基础信息的服务化开发利用和市场化运营，这是智慧城市建设管理体系中需要探索创新的关键内容。同时，智慧城市建设需要从城市角度考虑各类项目的规划、设计、实施、管理、运营、质量保障和测试评价，从标准角度提供过程、方法和管理类规范以供支撑。

1.2.3 智慧城市发展现状

（1）国外智慧城市发展现状

当前，世界进入创新空前密集与产业变革的时代，智慧城市已经成为全球城市发展关注的热点。随着全球物联网、新一代移动宽带网络、下一代互联网、云计算等新一轮信息技术迅速发展和深入应用，城市信息化发展向更高阶段的智慧化发展已成为必然趋势。在此背景下，世界一些主要城市（如纽约、伦敦、巴黎、东京、首尔、新加坡等）已加快了信息化发展的战略布局，相继提出了"智慧城市"的战略举措，以期增强城市综合竞争力，破解城市发展难题。

目前世界上"智慧城市"的开发数量众多，各城市的"智慧城市"建设均各有特色。美国将智慧城市建设上升到国家战略的高度，并在基础设施、智能电网等方面进行重点投资与建设。韩国作为全球第四大电子产品制造国、物联网国际标准制定主导国之一，正在通过智慧城市建设培育新产业。新加坡被公认为政府服务最好的国家，它以信息通信技术促进经济增长与社会进步，其智慧城市建设注重服务公众。国外发达国家智慧城市建设情况如表1.1所示。

表1.1 国外发达国家智慧城市建设情况

国家	启动时间	状态	政策规划	建设目标/进展情况
美国	2008 年	结束	IBM 提出"智慧城市"（smart city）概念	第一次提出"智慧城市"的概念，探讨如何优化城市功能，以推动"人才为本经济"（talent-based economy）的发展和提升市民生活素质
	2009 年	结束	IBM 提出"智慧星球"（smart planet）计划	建议在全国投资建设新一代智慧型信息基础设施，随后 IBM 与艾奥瓦州的迪比克（Dubuque）合作建设全美国第一个智慧城市（smarter sustainable Dubuque）
	2014 年	进行	美国 IHS 咨询公司发布《智慧城市：商业模式、技术及现行计划》研究报告	显示美国的智慧城市计划多由政府根据该书城市的环境特点，各自规划和推行，主要归纳为五项：①改善运输系统，以加强城市对内和对外的流动性；②提升能源使用效率，促进城市长远发展的可持续性；③更新各种资讯及通信基础设施，为市民、企业和公共部门提供更为方便的生活、营商和工作环境；④加强对城市公共空间的监察和保安，让城市变得更为安全；⑤改革公共治理、规划和调整城市各项功能和服务，以应对交通堵塞和能源消耗等一系列城市管理的挑战

续表

国家	启动时间	状态	政策规划	建设目标/进展情况
	2015年	进行	美国白宫投入1.6亿美元（相当于10.3亿元人民币），正式启动智慧城市发展计划	作为美国政府发展智慧城市整体战略重要的一环，通过中央提供的庞大资源，协调全美超过20个城市开展多达25项新技术合作，来协助地方城市社区加快在智慧城市的发展，包括用来改善城市交通堵塞、犯罪、环境气候变迁等问题，同时也提升城市的服务品质和经济效能
欧盟	2000年	结束	6月，欧盟启动E欧洲2002行动计划（E-Europe 2002 Action Plan）	欧盟提出"E欧洲"概念，主要工作侧重于价廉、快速地接入互联网以及人力的培训等
	2002年	结束	6月，欧盟启动E欧洲2005行动计划（E-Europe 2005 Action Plan）	E欧洲2005行动计划侧重于电子政务、电子教育、电子医疗等具体城市领域
	2005年	结束	7月，欧盟正式实施i2010战略	提出建立充满经济增长和就业机会的欧洲信息社会，规划到2010年发展数字经济的3个重点领域：①消除内部市场障碍，创建一个统一的欧洲信息空间；②加大信息通信技术领域的科研投入，大力鼓励企业借助信息通信技术提高劳动生产率；③在欧盟开展数字扫盲，让欧洲民众具备基本的信息通信技能
	2009年	进行	6月，欧盟启动欧盟物联网行动计划（Internet of Things—An Action Plan for Europe）	提出要采取措施确保欧洲在构建新型互联网的过程中起主导作用，包括物联网管理、安全性保证、标准化、研究开发、开放和创新、达成共识、国际对话、污染管理和未来发展等在内9个方面的14点行动内容
		进行	9月，欧盟提出物联网战略研究线路图（Internet of Things—Strategic Research Road-map）	提出了新的物联网概念，并进一步明确了欧盟到2010年、2015年、2020年三个阶段物联网的研究路线图，在进行战略计划的同时罗列出识别技术、物联网架构技术、通信技术、网络技术、软件等需要突破的关键技术，以及航空航天、汽车、医药、能源等物联网重点应用领域

续表

国家	启动时间	状态	政策规划	建设目标/进展情况
		进行	11 月，欧盟提出未来物联网战略	计划让欧洲在基于互联网的智能基础设施发展方面引领全球，除了通过 ICT 研发计划投资 4 亿欧元、启动 90 多个研发项目提高网络智能化水平外，欧盟委员会拟在 2011—2013 年间每年新增 2 亿欧元进一步加强研发力度，同时拿出 3 亿欧元专款，支持物联网相关公司短期合作项目建设
	2010 年	进行	3 月，欧盟委员会出台欧洲 2020 战略（European 2020）	提出三项重点任务：智慧型增长、可持续增长和包容性增长。把"欧洲数字化议程"确立为欧盟促进经济增长的七大旗舰计划之一
		进行	5 月，欧盟委员会发布《欧洲数字化议程》（The Digital Agenda）	提出了七大重点建设领域：①要在欧盟建立单一的充满活力的数字化市场；②改进信息通信技术标准的欧洲数字化议程制定，提高可操作性；③增强网络安全；④实现高速和超高速互联网连接；⑤促进信息通信技术前沿领域的研究和创新；⑥提高数字素养、数字技能和数字包容；⑦利用信息通信技术产生社会效益（例如信息技术用于节能环保、用于帮助老年人等）
	2012 年	进行	7 月，欧盟启动"智慧城市和社区欧洲创新伙伴行动"	旨在促进城市智能技术的大力发展。通过对能源、交通和信息通信技术的集聚化调研，集成欧洲在新能源、智能交通和信息通信（如物联网）等领域的先进技术，然后在特定城市开展示范项目，涉及领域从原先的 2 个扩大到 3 个：能源、交通和信息通信技术。具体范围覆盖高效供热（冷）系统、智能仪表、实时能源管理、零排放建筑、智能交通等方面，进而促进绿色经济和知识经济的发展，推动城市生产和生活方式的转型
日本	2000 年	结束	日本政府 IT 战略本部提出了"e-Japan"战略（Electronics-Japan）	提出于 2005 年在全日本建成有 3000 万家庭宽带上网及 1000 万家庭超宽带（30～100Mbps）上网的环境。此项目标在 2003 年提前实现，但宽带的实际使用却不尽如人意，数字用户线（DSL）、电缆调

续表

国家	启动时间	状态	政策规划	建设目标/进展情况
				制解调器（cable modem）和光纤到户（FTTH）的实际使用量分别只占到设施能力的30％、11％和5％左右
	2004年	结束	日本总务省正式提出了"u-Japan"战略（Ubiquitous-Japan）	研究与应用、技术与服务、信息产业与整个社会生产之间联系紧密且相互支撑，显现出国际信息产业未来发展的一个重要趋势，"u"的理念还被细化为三方面：普及（universal）、面向用户（user-oriented）以及独特性（unique）。其中"普及"是让所有的人都可以方便地使用网络资源，达到人们之间的紧密沟通；"面向用户"强调的是一切应用要重视使用者的便利性，以人为本，从每一个细节体现科技的人文关怀；"独特性"则体现了使用者鲜活的个体特性，为大众提供展现活力和个性的舞台，力图在人类无限创造力的推动下，不断地创造出新的服务模式和商务形态
	2009年	进行	日本政府IT战略本部制定出了新一代的信息化战略"i-Japan战略2015"	旨在将数码科技全面融入社会经济之中，并为之注入新动力，以助大众改善生活、增强联系、发挥创意。主要包括五大策略：①建立和完善电子政府和地方政府，为市民提供一站式行政服务，提高政府透明度；②发展完善卫生医疗，推行日本电子医疗记录；③加大教育及人力资源投入；④利用数码科技和资讯改造产业结构和振兴地方社群；⑤整顿数字化基础设施，发展数据基建
韩国	2004年	进行	韩国信息通信部提出"u-Korea"战略	根据规划，"u-Korea"发展期为2006—2010年，成熟期为2011—2015年。旨在建立信息技术无所不在的社会，即通过布建智能网络，推动最新信息技术应用等信息基础环境建设，让韩国民众可以随时随地享用科技智能服务。其最终目的，除运用IT科技为民众创造食、衣、住、行、体育、娱乐等各方面无所不在的便利生活服务之外，也希望通过扶植韩国IT产业发展新兴应用技术，强化产业优势和国家竞争力

续表

国家	启动时间	状态	政策规划	建设目标/进展情况
	2009 年	进行	韩国提出"u-City"计划	将 u-City 建设纳入国家预算,在未来 5 年投入 4900 亿韩元(约合 4.15 亿美元)支撑 u-City 建设,大力支持核心技术国产化,标志着智慧城市建设上升至国家战略层面。韩国对 u-City 的官方定义为:在道路、桥梁、学校、医院等城市基础设施之中搭建融合信息通信技术的泛在网平台,建成可随时随地提供交通、环境、福利等各种泛在网服务的城市
	2011 年	进行	韩国政府公布"智慧首尔 2015"计划	旨在建立新一代资讯及通信科技的基础设施和综合城市管理框架,以及指导不同阶层和年龄的居民成为懂得运用各种智慧服务的智慧用户(smart user)
新加坡	2005 年	结束	新加坡政府制定"iN2015 战略"计划	旨在利用无处不在的信息通信技术将新加坡打造成一个智慧的国家、全球化的城市。该战略促进新加坡在三个方向(创新、整合、国际化)的全面发展,以提升居民生活素质,增强经济竞争力,推动信息产业的发展
	2014 年	进行	新加坡政府公布"智慧国家 2025"的 10 年计划,这份计划是之前"iN2015 战略"计划的升级版	新加坡政府将构建"智慧国平台",建设覆盖全岛数据收集、连接和分析的基础设施与操作系统,根据所获数据预测公民需求,提供更好的公共服务。"智慧国"理念的核心可以用三个 C 来概括:连接(connect)、收集(collect)和理解(comprehend)。2015 年完成以"连接"和"收集"为核心的"智慧国平台"的第一个阶段。2017 年之前培养出 2500 名以上的 ICT 专家,支持"智慧国"建设的推进

据悉,全球 50 多个国家已经展开了智慧城市的相关业务,产生了 1200 多个智慧的解决方案,在交通、电网、政务、建筑、医疗等领域都能看到智慧应用。

1)智慧交通

随着自动控制技术、信息技术和计算机等技术的进步而提出的智能交通系统（intelligent transportation system，ITS）是对传统交通系统的一次革命。在现有路况条件下，它指的是在较完善的基础设施（包括道路、港口、机场和通信）之上将先进的信息技术、数据通信传输技术、电子传感技术、电子控制技术以及计算机处理技术等有效地集成运用于整个交通运输管理体系，从而建立起一种在大范围、全方位发挥作用的实时、准确、高效的综合运输和管理系统。ITS的提出和大力发展能够提高道路使用效率，大幅降低汽车能耗，使交通堵塞减少、短途运输效率提高、现有道路的通行能力加强。经过十几年的推广、试行和发展，ITS目前已在经济发达国家和经济较为发达国家的一些都市及高速公路系统中实施。实践证明，ITS是解决目前经济发展所带来的交通问题的理想方案。

A. 美国

美国每年车辆公里数上升速率远大于同期道路建设里程。为了缓解交通路网的压力，美国从20世纪60年代后期开始开展智能交通系统的研究与规划，如表1.2所示。

表1.2 美国ITS建设情况

时间	主要建设内容
20世纪60年代后期	开始第一个ITS项目——电子路线引导系统（Electronic Route Guidance System，ERGS）
1988年	成立了Mobility 2000非正式组织，该组织后来演变成了现在的ITS American
1990年8月	成立了智能化车辆道路系统组织（Intelligent Vehicle-Highway Society of American，IVHS AMERICA），它的主要任务之一是向运输部提供有关IVHS计划的需求、目标、目的、计划及进展等，此后更名为ITS AMERICA
1991年	美国国会通过了"综合地面运输效率方案"（ISTEA），旨在通过高新技术和合理的交通分配提高20%～30%的路网效率
1995年	美国运输部正式发布"国家智能交通系统项目规划"，明确规定了智能交通系统的7大领域和29个用户服务功能，确定到2005年的开发计划
1996年	亚特兰大市交通局运用已有的智能运输系统的技术成果开发了Olympic交通控制管理系统，为第26届奥运会提供了有效服务
2001年	美国运输部和ITS American联合编制了《美国国家智能交通系统10年发展规划》，明确了到2010年的整个交通系统发展建设的主题

续表

时间	主要建设内容
2013 年	美国运输部开始下一阶段"2015—2019 ITS 战略计划研究",旨在利用开放的对话形式让利益相关者加入其中,以满足新兴的研究需求:使车辆连接更成熟,重点放在需要加速成熟的车辆与周边系统通信;试点和部署准备,侧重于支持车对车(V2V)和车辆到基础设施(V2I)的安全性、政策、商业机会、能力、示范和激励措施;与更广泛的环境整合,重点在于使 V2V 和 V2I(统称为 V2X)与其他政府服务和公用事业互动的整合和决策支持能力

美国 ITS 研究采用了自上而下的方式,通过 ITS American 支持的项目提出全国统一的体系框架。同时政府推出一系列的法案明确 ITS 的合法性,它的发展模式为顶层设计、市场引导、分布执行、反馈完善等构成的一个不断修订完善的闭环过程。随着美国的 ITS 体系建设不断完善(见图 1.3),ITS 的应用已覆盖了 80%以上的交通设施,缓解了日益恶化的交通拥挤和无力继续扩展交通基础设施形成的突出矛盾。

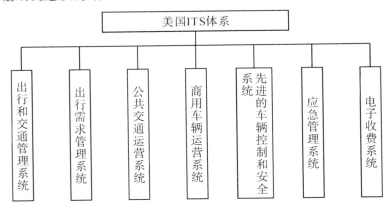

图 1.3　美国 ITS 体系框架

B. 日本

日本是一个土地稀少、人口众多的国家,每天有上亿辆机动车在路上行驶,引发的交通拥堵、环境污染等交通问题非常严重,依靠建设新的道路网来解决此类问题对日本而言更加困难。因此,发展智能交通系统和有效利用现有道路资源,是解决问题的关键和必经之路,日本从 20 世纪 70 年代开始开展的智能交通系统的研究与规划如表1.3所示。

表1.3　日本ITS建设情况

时间	主要建设内容
1973 年	日本提出了"综合汽车交通控制系统",研制出一套道路导航系统并进行了试验
20 世纪 80 年代初	日本实施了"道路—汽车通信系统"和"先进机动车交通信息和通信系统"
20 世纪 80 年代末	日本建立了"先进道路运输系统",在该项目的建设中形成了以道路车辆一体化来改善道路交通的概念。同期研发的其他项目包括超级智能车辆系统、先进安全车辆系统、通用交通管理系统等
1994 年	1 月,日本成立了"道路—交通—车辆智能化推进协会",该协会进行了一系列与 ITS 有关的活动,ITS 逐渐在私营领域形成了市场,基于数字地图的 GPS 汽车导航系统以及其他技术实现了商业化。11 月,进行了 5 个月的电子不停车收费系统(ETC)的野外试验,并同时进行了全国范围内的电磁场测试,为选择 5.8GHz 作为日本 DSRC 频率提供了科学依据,并于 1996 年 8 月出版了《共同研究报告》
1995 年	2 月,由日本首相直接领导的"具有先进通信与信息的社会筹划组"提出了"促进先进通信与信息社会的基本指导方案"。8 月,提出"在道路、交通、车辆领域实现先进通信与信息技术的政府指导方针",并开始进行 ITS 的研究与实际应用
1996 年	开始试行道路交通情报通信系统(vehicle information and communication system,VICS)
1997 年	日本 TC204 委员会完成了 DSRC 标准制定工作
1998 年	横滨冬季奥运会实际验证了基于 UTMS(universal traffic management system)的车辆运行管理系统
2001 年	全国 32 个县全部使用 VICS
2010 年以后	VICS 车载机保有量达 3000 万台,这是世界上有动态导航最大的系统,累计创造产值 600 亿美元

日本采取了一系列积极的步骤以促进ITS和全国范围的信息化公路的发展,并致力于达到以下几个目标:研究解决拥堵、交通意外以及环境污染的有效措施;通过创造新的市场和产业以促进经济增长;提高生活质量;促进地区发展;使日本成为一个更加安全的地区。日本的ITS体系框架分为10个子系统,如图1.4所示。

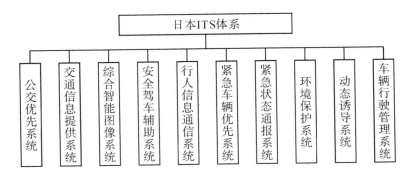

图 1.4　日本 ITS 体系框架

C. 欧洲

欧洲大部分国家都很小，因此对欧洲 ITS 的研究采取整个欧洲一体化的方式。经济合作与发展组织为了促进 ITS 的发展并有效地协调整个欧洲的国际合作，将 ITS 纳入了始于 1986 年的"尤里卡"联合研究与开发计划，旨在建立跨欧的智能化道路网，从 20 世纪 70 年代开始开展智能交通系统的研究与规划（见表 1.4）。

表 1.4　欧洲 ITS 建设情况

时间	主要建设内容
20 世纪 70 年代	1973 年英国运输研究所开始研发 SCOOT 系统，1975 年研制成功。1979 年正式 SCOOT 系统投入使用，目前已被世界 170 多个城市采用，并衍生出许多新版本，包括支持公交优先、自动的 SCOOT 交通信息数据库（ASTRID）系统、INGRID 事故检测系统以及车辆排放物的估算等
1991 年	欧洲道路运输通信技术实用化促进组织（ERTICO）成立，目的是协调和支持全欧洲的 ITS 活动
1994—1997 年	瑞典实施了全国性覆盖的 RDS-TMC（Radio Data System-Traffic Message Channel），德国和荷兰（1995 年）、法国巴黎（1996 年）以及瑞士、奥地利、意大利等（1997 年）也先后实施了 RDS-TMC。目前欧洲已有 18 个国家实施了 RDS-TMC
1996 年	欧盟正式通过了《跨欧交通网络（TEN-T 开发指南）》，标志着欧盟开始致力于通过交通信息促进信息社会的发展
1997 年	欧盟制订了《欧盟道路交通信息行动计划》，作为欧洲 ITS 总体实施战略的一部分，该行动计划涉及研究开发、技术融合、协调合作、融资及立法等多个方面

续表

时间	主要建设内容
2000 年	欧盟制订了《电子欧洲行动计划》,目的是在交通等关键领域推动欧洲向信息社会发展
2001 年	欧盟制订了《2001—2006 各年指示性计划》,用来加大实现跨欧交通网络的投资力度,道路交通 ITS 和大型基础设施项目、空中交通管理、伽利略卫星导航定位系统计划均纳入优先投资部分,其中 TEMPO(Trans-European Intelligent Transport Systems Projects)计划部分专门协调道路交通 ITS 相关的项目。欧盟在其未来 10 年的交通政策白皮书《欧洲 2010 交通政策:决策的时刻》中纳入了 ITS 计划,提出了实现 ITS 一体化市场的建议
2002 年	3 月 26 日,伽利略计划由欧盟 15 国交通部长会议正式启动。约克市成为第一个成功使用城市交通管理和控制系统(UTMC)的城市,UTMC 使得 ITS 系统在功能体系上成为一种标准组件模式
2005—2009 年	为迎接 2012 年伦敦奥运会,伦敦交通局实施了投入总额为 100 亿英镑的公共交通基础设施投资规划。在政府长期政策的支持下,目前伦敦已建成地上与地下、轨道交通与公路交通相交,集地铁、火车、轻轨、公共汽车、出租车于一体的立体化交通网络,并建立起了先进的智能交通系统。2008 年,欧委会发布了欧洲 ITS 行动计划。2009 年,欧委会委托欧洲标准化机构 CEN、CENELEC 和 ETSI 制订了一套欧盟层面统一的标准、规格和指南来支持合作性 ITS 体系的实施和部署
2013 年以后	ETSI 和 CEN/ISO 完成首版智能交通系统(ITS)标准的制定,目前该标准已在欧洲道路上实施应用

D. 其他国家

在国际上,美国、欧洲和日本走在 ITS 研究和发展的前列,此外,韩国、新加坡、马来西亚、澳大利亚和瑞典等地的 ITS 发展也初具规模,相关情况如表 1.5 所示。

表 1.5　韩国等 5 国的 ITS 建设情况

国家	主要建设内容
韩国	韩国的光州市是 ITS 示范工程地点,耗资 100 亿韩元,其建设应用选取了交通感应信号系统、公交车乘客信息系统、动态线路引导系统、自动化管理系统、及时播报系统、电子收费系统、停车预报系统、动态测重系统、ITS 中心等 9 项内容

续表

国家	主要建设内容
马来西亚	马来西亚 ITS 建设集中在多媒体超级走廊,从国油双峰塔开始,至雪邦新国际机场,达 750 平方公里。目标是利用兆位光纤网络,把多媒体资讯城、国际机场、新联邦首都等大型基础设施联系起来
新加坡	新加坡 ITS 建设集中在先进的城市交通管理系统方面,该系统除了具有传统功能(如信号控制、交通检测、交通诱导)外,还包括用电子计费卡控制车流量,在高峰时段和拥挤路段还可以自动提高通行费,尽可能合理地控制道路的使用效率
澳大利亚	澳大利亚从事智能交通控制技术研究较早,其建设包括先进的交通控制系统(SCATS)、远程信号控制系统(VicRoads)、微机交通控制系统(BLISS)、道路信号系统、车辆监控系统和公共信息服务系统等。最著名的最优自动适应交通控制系统(SCATS)运用于澳大利亚几乎所有的城市,它能够控制悉尼市及其周围主干公路的 2200 多个路口及 3000 个交通信号,监控覆盖面积达 3600 平方公里
瑞典	瑞典首都斯德哥尔摩的交通拥挤非常严重。为了应对交通问题,斯德哥尔摩建立了智慧交通体系,在通往市中心的道路上设置了 18 个路边控制站,使用 RFID 技术及激光、照相机和先进的自由车流路边系统,自动识别进入市中心的车辆,自动对在周一至周五(节假日除外)6:30 到 18:30 之间进出市中心的注册车辆收取"道路堵塞税"。通过收税,车流减少了,交通拥堵降低了 25%,交通排队时间下降了 50%,道路交通废气排放减少了 8%～14%,二氧化碳等温室气体排放下降了 40%

各国的智慧交通建设在高新科技的高速发展、各种项目的推进下取得很大成效,在交通设施、道路网络、支付系统等基础设施建设方面实现了普遍智能化,并将这种智能化推向一个更高的层次,让交通更加"智慧"。例如在"Comppass4D 项目"中,先进的智能交通系统能帮助司机尽可能多地避开红灯,车载通信系统与纽卡斯尔城市交通管理控制中心连接,能直接向司机推送个性化信息,帮助司机及时调整车速,帮助他们通过一连串绿灯。项目的实施有助于缓解交通拥堵状况,并减少汽车反复启动造成的空气污染。该项目未来会在丹麦哥本哈根、法国波尔多等 6 个欧洲城市进行试推行。

2)智慧电网

传统能源日渐短缺和环境污染问题日益严重是人类社会持续发展所面临的最大挑战。为解决能源危机和环境问题,能效技术、可再生能源技术、新型交通技术等各种低碳技术快速发展，并将得到大规模应用。各种低碳技术的大规模应用主要集中在可再生能源发电和终端用户方面，使传统电网的发电侧和用户侧特性发生了重大改变，并给输、配电网的发展和安全运行带来了新的挑战。在这样的发展背景下，智慧电网的概念应运而生，并在全球范围内得到广泛认同，成为世界电力工业的共同发展趋势。目前较多地称之为智能电网。

A. 美国

美国在智能电网的建设上一直走在世界前列，重点在配电和用电上推动可再生能源发展，注重商业模式创新和用户服务提升。博尔德市是全美第一座全集成的智能电网城市。该城市通过建立智能变电站、智能停电管理来提高供电效率和可靠性。通过智能用电管理，居民可掌握即时电价，错时用电。爱迪生公司在2009年投资的智能电网项目，利用先进的通信技术和测试技术，实时对整个网络进行能源管理、规划和预测。该智能电网技术可帮助900万纽约人更有效地使用能源，并且支持替代能源。美国智能电网发展战略推进过程较清晰地表现为三个阶段，可归纳为"战略规划研究＋立法保障＋政府主导推进"的发展模式，是典型的美国国家发展战略推进模式（见表1.6）。

表1.6 美国智能电网发展战略

时间	战略研究与规划报告
2002年	美国能源部（Department of Energy, DOE）发布《国家输电网研究》，提出建设美国现代电网的51条建议
2003年	3月，DOE成立了电力传输办公室（TD）来组织和协调相关工作； 7月，DOE出版《Grid 2030——美国电力系统下一个百年的国家愿景》
2004年	TD组织召开了国家电力传输技术路线图研讨会，出版了《国家电力传输技术路线图报告》
2005年	DOE把电力传输办公室（TD）、能源安全办公室（EA）以及化石能源办公室（FE）部分机构合并为电力传输和能源可靠性办公室（OE）
2006年	DOE和国土安全部联合发布了《能源领域控制系统安全路线图》，提出利用10年时间建设该系统，确保关键设备控制系统的计算机安全性
2007年	3月，美国国家能源技术实验室（NETL）发布了《现代电网的远景》白皮书（V1.0）。9月，DOE发布了《电力输送系统升级战略规划》，对高温超导、可视化和控制、可再生能源和分布式能源、储能和电力电子等技术领域提出明确时间表和预期目标

时间	战略研究与规划报告
2009年	6月,NETL发布新的电网发展远景白皮书(V2.0);7月,DOE发布了《智能电网系统报告》,提出了美国智能电网的范畴、特征与指标体系,系统分析了美国智能电网的发展现状与面临的挑战
2010年	OE发布了《2010战略计划》,提出要在10年内实现电网现代化升级改造,并提出推广智能电网技术、提高系统可靠性和可再生能源并网能力、提高电网安全性和抗灾能力、发展储能设施、提高系统输送能力五项重要战略行动
2011年	白宫科技委员会发布的《21世纪电网政策框架——保证未来能源安全》(*A policy framework for the 21st century grid: enabling our secure energy future*)中指出,投资智能电网项目的四项基本原则是:①智能电网项目满足成本/效益性;②激发电力部门的创新潜能;③赋予用户知情权和决策权;④保障电网安全
2012年	7月,DOE发布SGIG(智能电网投资建设项目)阶段性报告,对项目实施情况进行了总结
2013年	2月,《21世纪电网政策框架——进展报告》(*A Policy Framework for the 21st Century Grid: A Progress Report*)发布,通过实例分析,对智能电网项目的成效给予了肯定,并表示将在继续遵循四项原则的基础上,对电网现代化工作给予持续的支持

B. 欧洲

欧洲是世界能源电力改革的积极推动者,也是气候变化和环境保护的主要倡导者。欧盟智能电网特别工作组对智能电网的描述是:可以智能化地集成所有接于其中的用户——电力生产者(producer)、消费者(consumer)和产消合一者(prosumer)——的行为和行动,保证电力供应的可持续性、经济性和安全性。

从21世纪初开始,欧洲范围内就开展了智能电网技术相关项目的研究,而在确定欧洲能源目标和欧洲电网转型目标之后,智能电网项目在数目、规模和涉及范围等方面有了快速发展(见表1.7)。

表1.7　欧洲智能电网发展战略

时间	战略研究与规划报告
1997年开始	欧盟出台了一系列促进可再生能源、清洁能源的发展,提高能源效率的政策
2008年	欧盟提出了欧盟实现2020年可再生能源占20％的目标,这将持续影响欧洲未来十几年的能源市场
2010年	6月欧盟夏季峰会上,欧盟27个成员的首脑通过了未来10年的经济发展战略,即"2020战略"。"2020战略"提出了未来10年欧盟需要在能源基础设施、科研创新等领域投资1万亿欧元,以保障欧盟能源供应安全和实现应对气候变化的目标
2011年	欧盟联合研究中心(Joint Research Center,JRC)通过问卷的方式对欧洲范围内的智能电网项目进行了调查,调查主要关心的是智能电网应用(DER、RES和需求响应)而不仅是技术功能(配电自动化);于2011年7月发布欧洲智能电网项目的阶段性总结报告,总结了219项项目的进展情况;2013年发布了新版报告,对281项项目进行了总结分析
2012年	智能电网协调工作组(Smart Grid Coordination Group,SGCG)于2012年10月完成研究报告 *First Set of Standards Version* 1.1初稿,识别出首批需要修订的两个方面标准:①制定电动汽车和电表的欧洲标准;②向IEC等国际标准化组织提出建议,将欧洲的需求和技术反映在国际标准中并发挥主导作用

C. 其他国家

美国、欧洲走在智能电网研究和发展的前列,此外,韩国、新加坡、日本和澳大利亚等地的智能电网发展也初具规模,相关情况如表1.8所示。

表1.8　韩国等4国的智能电网建设情况

国家	主要建设内容
韩国	2009年6月,在韩美双方会谈上,韩国与美国能源部签署了智能电网项目合作意向书。2010年1月,韩国制定了《智能电网国家路线图》,确定了韩国电网智能化战略,促进相关技术研发、产业化发展,完善制度,并于同年发布了"智能电网国家路线2030",目的是到2030年建成全国范围的智能电力网络系统。2011年5月,韩国颁布《加速推进电网智能化的相关法》,为加速发展智能电网的进程提供了法律依据

续表

国家	主要建设内容
日本	2012年,日本公布了实现可再生能源飞跃发展的新战略,目标是:到2030年,使海上风力、地热、生物质、海洋(波浪、潮汐)四个领域的发电能力扩大到2010年度的6倍以上。海上风力发电要在2020年前使发电设备漂浮在海面的浮体式风力发电技术实用化,波浪能和潮汐能要在2020年前开发出相对成熟的技术
澳大利亚	2009年提出的"Smart Grid, Smart City"计划于2010年10月启动,以减少家用能源消耗,推动澳大利亚智慧电网建设。该项目是澳大利亚首次将先进的通信技术、感测技术及量测设备结合于现有的能源网络,使电网自动化,且即时监控电力流向及消耗情况
新加坡	新加坡电网可以称得上是世界上最稳定的国家电网之一,每年平均断电时间低于1分钟。新加坡电网采用了可实现双向通信的数据采集与监控系统(SCADA),可自动监测在输配电阶段中发生的供电故障。2009年11月,新加坡能源市场局(EMA)启动了一项智能电网试点项目——智能能源系统(Intelligent Energy System,IES),开发和试验智能电网新技术和新产品。IES系统的目的在于验证和评估智能电网相关的新应用和新技术,将现代化的信息通信技术集成到电网中,以实现消费端和电网运营商的双向通信。2014年,新加坡电力公司在"亚洲电力奖"颁奖仪式中获得"年度智能电网项目奖"

3)智慧政务

智慧政务通常也称为电子政务,这个概念源于美国,由E-government或E-governance翻译而来,现在已被世界各国采用。它的原意是指政府通过使用信息和通信技术(ICT)来提高政府的有效性、透明度和责任性,其核心内容是借助互联网,构建一个跨时间、地点、部门,以顾客满意为导向的政府服务体系——虚拟政府。电子政务具有减少成本、提高服务、提高政府透明度和责任性,以及控制欺骗和腐败的优势,通过在政府与社会大众之间提供流畅、便利和有效的交互方式,帮助政府构建与社会公众的良好关系,其出发点和落脚点是为社会大众提供更好的政府信息和服务。

A. 美国

美国电子政务起步早,发展快,完善程度高。在整体规划方面,美国政府对电子政府进行了详尽的整体规划,依照以市民为中心、以结果为导向、以市场为基础的原则来进行电子政府管理,具体发展情况如表1.9所示。

表1.9　美国智慧政务发展战略

时间	战略研究与规划报告
1993年	克林顿政府提出了"构建'以顾客为中心'的电子政务、走向在线服务的政府改革目标";同年美国国家绩效评估委员会颁布的《政府绩效与结果法案》成为美国电子政务评估的纲领性文件
1994年	12月,美国政府信息技术服务小组(Government Information Technology Service)提出《政府信息技术服务的前景》报告,要求建立以顾客为导向的电子政府,为民众提供更多获得政府服务的机会和途径
1996年	美国政府提出"重塑政府计划",决定要让美国联邦政府在2003年之前实现全部上网,使美国民众能够充分获得政府掌握的各种信息
1998年	美国国会通过《文书工作缩减法》法案,要求政府各部门逐步实现电子办公,规定到2003年全部使用无纸化文件,让民众与政府互动关系电子化
2000年	9月,美国政府开通"第一政府"网站(www.firstgov.gov),旨在加速政府对公民需求的反馈,减少中间工作环节,让美国民众更快捷方便地了解政府
2002年	布什政府颁布《电子政务法案》,旨在确保对联邦各机构信息技术活动的有力领导,确保信息安全标准,设定综合性电子政府框架,确保互联网和计算机资源广泛用于公共服务,这项法案的颁布标志着美国电子政府步入正轨
2009年	奥巴马签署了《开放透明政府备忘录》,标志着政府公开性达到了前所未有的高度,让公共机构"保障公众信任、建立透明、公共参与、合作的系统";同年数据门户网站(data.gov)上线,美国联邦行政管理和预算局向白宫提交的《开放政府令》获批准,全球开放数据运动由此展开
2013年	6月,奥巴马政府和其他六国(G7)领导人签署了开放数据宪章,提出五个战略原则,进一步规范和推进政府开放数据的发展
2014年	5月,美国政府发布了《美国开放数据行动计划》,概述了美国政府作为开放数据的主导者应承担的义务

B. 新加坡

新加坡电子政府建设处于全球领先位置。政府对信息通信产业大力支持,政府业务有效整合,实现了无缝管理和一站式服务。政府以整体形象面对公众,实现与公众的良好沟通。电子政府公共服务架构已经可以提供超过800项政府服务,真正建成了高度整合的全天候电子政府服务窗口。网上商业执照服务大大缩减了商业执照申请的烦琐流程,企业可在网上申请40个政府机构和部门管辖内的超过200种商业执照。执照的平均处理时间也由21天缩短至8天，使得企业执照申请流程更有效、经济，有效促进了企业发展（见表1.10）。

表1.10　新加坡智慧政务发展战略

时间	战略研究与规划报告
1981—1985 年	实施公务员电脑化计划，为各级公务员普遍配备电脑，进行资讯技术培训，并在各个政府机构发展了250多套电脑管理资讯系统，推进政府机构办公自动化
1986—1991 年	实施国家资讯技术计划，建成连接23个政府主要部门的电脑网络，实现部门间的数据共享，并在政府和企业之间开展电子数据交换（EDI）。新加坡是世界上率先在对外贸易领域推行电子数据交换的国家
1992 年	制定并实施在10～15年内将新加坡建成"智慧岛"的"IT2000"计划
1996 年	新加坡宣布建设覆盖全国的高度宽屏多媒体网络（Singapore One）
1998 年	Singapore One 开通，标志着不仅为企业，而且也为普通百姓提供了高速、互动式多媒体网上资讯，政府依托 Singapore One 对企业和社会公众实行一周7天、一天24小时的全天候服务
1999 年	制定了"Infocomm 21 计划"（Information and Communications Technology for the 21st Century），旨在建成不存在数字鸿沟的电子化社会。并在12月1日，将原来的国家电脑局和新加坡电信局合并，组建了新加坡资讯通信发展管理局（Infocomm Development Authority of Singapore，IDA）
2000—2003 年	启动电子政府行动计划Ⅰ，作为"Infocomm 21 计划"基本组成部分，提出了推进电子政府发展的五大战略：①改造政府；②提供一体化电子服务；③主动服务、迅速响应；④利用 ICT 发展新能力；⑤利用 ICT 实现创新
2003—2006 年	启动电子政府行动计划Ⅱ，此计划是"互联新加坡"国家信息化计划的组成部分，它的发展愿景是：建立领先的电子政府，在数字经济时代更好地服务于国家。这一计划把电子政府的发展目标确定为愉悦客户、连接大众和构建网络政府三个方面
2006 年至今	启动整合政府 2010 计划，提出了"从电子政府（E-Government）到整合政府（I-Government）"转变的战略思想。意味着电子政府发展的焦点已从"电子"过程转移到"整合"成果，显示出整合政府的目的在于让人民和顾客享有更好的服务，它不但需要整合服务，而且还要考虑过程、系统和资讯的整合，只有通过"形"和"魂"的全面整合，才能真正进入电子政府发展的高进形态——整合政府形态

C. 其他国家

美国、新加坡走在智慧政务研究和发展的前列，此外，加拿大、英国、比利时等地的智慧政务发展也初具规模（见表1.11）。

表1.11　加拿大、英国、比利时的智慧政务建设情况

国家	主要建设内容
加拿大	1999年，加拿大总理发布了国家电子政府战略计划"政府在线"，提出到2004年年底要实现政府所有信息和服务全部上线。罕见地采用了"自上而下"的实施思路，提出了"统一政府"的发展战略，由财政部统一负责跨地区和跨部门的电子政府的整合，在国际咨询公司埃森哲的多次电子政府评选中，加拿大的电子政府建设均名列前茅
英国	自1994年开始进行"政府信息服务"实验，在互联网上建立"英国政府信息中心"，为用户提供政府、学术机构、企业等网址查询。自2005年开始提出每个政府部门和机构制定自己的电子政府策略，与有能力的技术公司建立伙伴关系，其电子政务走向成熟
比利时	自2003年开始执行第一个电子身份证卡（EID）项目，使得比利时政府在全球范围内实施电子政务和设立电子ID卡方面处于领先地位

4）智慧建筑

智慧建筑，也称为智能建筑。美国最早提出智能建筑的概念。美国建筑学会定义：智能建筑是指对建筑物的结构、系统、服务和管理这四个基本要素进行最优化组合，为用户提供一个高效率并具有经济效益的环境。紧随其后，日本和欧洲也给出了智能建筑的定义。而我国首个智能建筑方面的建筑为北京发展大厦，它被认为是我国智能建筑的雏形。我国在2000年10月正式实施GB/T 50314－2000《智能建筑设计标准》，在该标准中明确提出了智能建筑"以建筑为平台，兼备建筑设备、办公自动化及通信网络系统，集结构、系统、服务、管理及它们之间的最优化组合，向人们提供一个安全、高效、舒适、便利的建筑环境"。

A. 美国

美国是世界上第一个出现智能建筑的国家，也是智能建筑发展最迅速的国家。1984年1月，在美国的康涅狄格州哈特福德市出现了世界上第一座智能大厦——都市办公大楼（City Place Building）。美国联合技术公司对该楼改

造后，大楼内的空调、供水、防火防盗、供配电系统均由电脑控制，实现了自动化综合管理，而且客户不必自己添置设备，便可获得语言通信、电子邮件、文字处理、市场行情信息、科学计算和情报资料检索等服务，使客户真正感到舒适、方便和安全。由此引起各国的重视和仿效，发达国家和某些发展中国家纷纷开始建造智能建筑。

为了加速智能建筑的发展，美国公布了《21 世纪的技术：计算机、通信》研究报告书，为 21 世纪高新技术在智能建筑中的应用与发展指出了方向。专家认为，网络技术、控制网络技术、智能卡技术、可视化技术、流动办公技术、家庭智能化技术、无线局域网技术、数据卫星通信技术以及双向电视传输技术这些高新技术，将在 21 世纪的美国智能建筑中获得广泛的应用和持续的发展。

在智能建筑领域，美国始终保持技术领先的势头。智能建筑给人们带来了诸多便利，所以包括美国国家安全局和五角大楼等在内的许多原有建筑也纷纷进行改建，成为智能大厦。美国自 20 世纪 90 年代以来新建和改建的办公大楼中约有 70% 为智能化建筑，著名的 IBM、DEC 公司总部大厦等均已是智能建筑。截至 2013 年，美国建有全球最大的智能化住宅群，占地 3359 公顷，由约 8000 栋小别墅组成，每栋别墅设置有 16 个信息点，仅综合布线造价就达 2200 万美元。

其中最具代表性的美国智能建筑当属微软公司比尔·盖茨的家，那里可以说是一个具有极度现代化气息的"活物"。盖茨下班回家途中就可在车内利用电脑遥控家中浴缸，自动注入适当温度的水，供他回家后享用。房子里的电脑感应器能随时根据主人的喜好，控制室内的温度、灯光、音响和电视系统。客人到访时只要佩戴小型电子胸针，通过电脑识别其位置，便可为其提供服务。最奢侈的是，比尔·盖茨非常喜欢车道旁边的一棵 140 岁的老枫树，他通过专门的监视系统对这棵树进行 24 小时的全方位监控，一旦监视系统发现它有干燥的迹象，即释放适量的水来为它解渴。以上还只是盖茨家中的一小部分，为了实现家庭的智能化，盖茨的住宅里共铺设了 84 千米的电缆。尽管这是一般人根本不可想象和实现的，但从某种意义上说，也反映了美国智能建筑的领先地位。

B. 英国

英国2007年在格洛斯建立的"智能屋"试点，将传感器安装在房子周围，传感器传回的信息使中央电脑能够控制各种家庭设备。这套系统能掌握居住人的生活习惯，根据生活习惯调整灯光亮度、空调温度等。如果外出忘记锁门，只要给中央计算机发出指令便能够锁上门窗。2011年，英国研究人员开发了一种能够监控居住者健康状况的智能屋，对独居老人有很大帮助，目前已经推出设计模型。这种智能屋装有以电脑终端为核心的监测、通信网络，使用红外线和感应式坐垫自动监测老人在屋内的走动；屋中配有医疗设备，可以为老人测心率和血压等，并将测量结果自动传输给相关医生。

英国最大的低碳可持续发展社区是贝丁顿社区，其建筑构造是从提高能源利用角度来设计的，是典型的绿色建筑。该社区的楼顶风帽是一种自然通风装置，设有进气和出气两套管道，室外冷空气进入和室内热空气排出时会在其中发生热交换。由于采取了建筑隔热、智能供热、天然采光等设计，综合使用太阳能、风能、生物质能等可再生能源，该小区与周围普通住宅区相比，可节约81%的供热能耗以及45%的电力消耗。

C. 德国

德国汉堡—哈尔堡港集工业、娱乐和人居于一体，是全球唯一的正在试图从世界三大绿色建筑环境评价体系（BREEAM、LEED和DGNB）获得最高级别环保认证的项目。该项目不仅将节能技术和建筑技巧巧妙地结合起来，同时能够促进社区的交流和繁荣。通过使用环保材料、被动式设计技术和高效的外墙材料，该项目能够减少30%的能源消耗。生态城市10%的能量来自风能，同时还采用太阳能热水系统和太阳能照明。屋顶进行了绿化以减缓雨水径流和减少热岛效应。该生态城除了具有环境方面的重要意义之外，也与建筑设计师们先进的理念一致，即每一个项目都要具有社会和经济的可持续发展因素。

D. 日本

1985年8月，东京青山落成了日本第一幢智能大厦——本田青山大楼。青山大楼的管理、办公自动化和通信网络等设备均运用本田与IBM合作开发的"HARMONY"综合办公系统。智能大厦即实现了楼宇自动化（building automation，BA）、办公自动化（office automation，OA）、通信自动化（communication automation，CA）及布线综合化的智能化大型建筑。在日本，新建的大厦中有近70%为智能型建筑。日本大企业对智能化大楼的建设十分热情，同时，日本政府也积极推动，制定了四个层次的发展规划：智能城市、智能建筑、智能家庭和智能设备。

5）智慧医疗

A. 美国

2004年，时任美国总统布什提出，到2014年，建立跨区域的国家卫生信息网。2009年，奥巴马政府医改方案明确规定，全民拥有电子病历目标的实现步骤分为3个阶段：收集患者健康信息；利用收集信息改善护理质量；促进医疗服务流程优化。2014年最新提出的 *Federal Health IT Strategic Plan*（2015—2020）对全国卫生信息体系的发展路线提出新的要求，即在推进信息收集、共享的基础上，更加注重利用新途径提高知识的传播、利用效率，即营造一种信息生态环境，使可互操作的信息用于医疗保健机构、公共卫生机构、研究人员和个人，以提高健康水平并降低成本。

美国国家卫生信息技术协调办公室发布的联邦政府卫生信息技术5年战略规划（2008—2012版和2011—2015版）将信息共享、各方协作、患者参与、信息隐私与安全、改善个人健康列为战略目标，并于2009年出台《美国复苏与再投资计划》，旨在通过完整、准确和及时的健康信息共享，为患者提供更为安全有效的医疗服务。

B. 英国

英国卫生部扮演"总工程师"角色，负责制定卫生信息建设政策法规，协调相关工作，为信息化项目筹资，主管卫生和社会保健信息中心工作。卫生部对外关系署负责信息管理和信息技术相关政策的制定，与NHS委员会（NHS Commission Board，NHSCB）、英格兰公共卫生组织（Public Health England，PHE）和社会保健部门（Social Care）共同实施卫生信息化建设项目。

英国卫生部于2012年发布的《信息的力量：让所有人获取所需要的卫生保健信息》提出，从患者、医务人员、广大公民的关键需求出发，建立一套基于国家开放数据背景的信息资源收集与利用的战略框架和路线图，从而实现卫生保健大数据的充分开放、个人健康数据的收集与开放、满意度和经验数据的收集与利用、信息市场建立和开放数据信息质量持续提高等目标。

同年，英国议会通过了《卫生和社会保健法案》(*Health and Social Care Act* 2012)，对公共卫生、医疗保健、社会保健和信息利用等方面提出新的要求，以解决门诊费用上涨、预约就诊时间过长等问题，改革医疗服务体制，使用信息技术改进医疗服务方式和患者护理质量。同年，英国卫生部发布《信息的力量：让所有人都掌控所需要的健康和保健信息》战略报告，制定了信息收集和使用方式的框架及线路图，为之后十年的卫生信息化工作制定了行动框架。

C. 澳大利亚

澳大利亚早在 1999 年即启动了卫生信息行动 "Health Online: A Health Information Action Plan for Australia"，要求整合患者用药信息，确保消费者用药安全；2011 年，又以立法形式通过了《个人可控的电子健康档案法案》(*Personally Controlled Electronic Health Records Bill* 2011，PCEHRs)，注重医院、管理部门和患者之间的交互与数据共享，以实现不同医疗护理提供者间的协同工作并提高服务质量。

D. 德国

德国在 2003 年发布的《法定医疗保险现代化法》中阐述了卫生信息体系的国家战略，建立电子健康卡，并分步骤实施（包括在实验室中测试、选择实际用户进行测试、选择 10000 个用户在 8 个州进行测试、选择 100000 个用户在 8 个州测试），最后在全国推广。

E. 日本

东京电子病历系统在各类医院已基本普及。电子病历系统整合了各种临床信息系统和知识库，能提供病人的基本信息、住院信息和护理信息，自动提醒护士，为医生的检查、治疗、注射等诊疗活动提供信息。除此之外，医院采用笔记本电脑和掌上电脑实现医生移动查房和护士床旁操作，实现无线网络化和移动化。目前日本的医疗信息化建设基本实现了诊疗过程的数字化、无纸化、无胶片化。

（2）国内智慧城市发展现状

近年来，我国有数百个城市掀起了智慧城市建设高潮，纷纷提出智慧城市发展规划，涉及社会管理、应用服务、基础设施、智慧产业、安全保障、建设模式、标准体系等内容。北京市于2012年3月发布了《智慧北京行动纲要》，编制了《智慧北京重点工作任务分工》和《智慧北京关键指标责任表》；上海市于2011年9月发布了《上海市推进智慧城市建设2011—2013年行动计划》；浙江省于2012年发布了《浙江省人民政府关于务实推进智慧城市建设示范试点工作的指导意见》；宁波市于2011—2012年发布了《关于建设智慧城市的决定》《宁波加快创建智慧城市行动纲要（2011—2015）》《2012年宁波市加快创建智慧城市行动计划》；杭州市于2012年10月发布了《"智慧杭州"建设总体规划（2012—2015）》；扬州市于2011年发布了《"智慧城市"行动计划（2011—2015）》；南京市于2011年12月发布了《南京市"十二五"智慧城市发展规划》；等等。

目前，北京、上海、广州、深圳、杭州、宁波、嘉兴、无锡、青岛、重庆、南京、武汉、大连、郑州等城市纷纷启动"智慧城市"战略，意在抢占先发优势。国内智慧城市建设情况如表1.12所示。

表1.12　国内智慧城市建设情况

城市	时间	规划/政策	建设目标
北京	2012年	《智慧北京行动纲要》	到2015年，"智慧北京"的发展目标是：实施"智慧北京"八大行动计划，建成泛在、融合、智能、可信的信息基础设施，基本实现人口精准管理、交通智能监管、资源科学调配、安全切实保障的城市运行管理体系，基本建成覆盖城乡居民、伴随市民一生的集成化、个性化、人性化的数字生活环境，基本普及信息化与工业化深度融合、信息技术引领企业创新变革的新型企业运营模式，全面构建以市民需求为中心、高效运行的政府整合服务体系，形成信息化与城市经济社会各方面深度融合的发展态势，信息化整体发展达到世界一流水平，从"数字北京"向"智慧北京"全面跃升

续表

城市	时间	规划/政策	建设目标
上海	2011年	《上海市推进智慧城市建设2011—2013年行动计划》	到2013年年底,上海智慧城市建设基本形成基础设施能级跃升、示范带动效应突出、重点应用效能明显、关键技术取得突破、相关产业国际可比、信息安全总体可控的良好局面,为全面实现上海信息化整体水平继续保持国内领先、迈入国际先进行列的"十二五"规划目标奠定坚实基础
	2014年	《上海市推进智慧城市建设行动计划(2014—2016)》	到2016年年底,基本构建起以便捷高效的信息感知和智能应用体系为重点,以高速泛在的下一代城市信息基础设施体系、绿色高端的新一代信息技术产业体系、自主可靠的网络安全保障体系为支撑的智慧城市体系框架,智慧城市建设成为上海提升国际竞争力和城市软实力的强大支撑和重要基础,上海信息化整体水平继续保持国内领先,率先迈入国际先进行列
广州	2012年	《广州市人民政府关于建设智慧广州的实施意见》	至2015年,信息化应用更加广泛深入,建成新一代信息通信网络国际枢纽、城市运行感知网络和智能化管理服务系统,突破一批新一代信息技术,发展一批智慧型产业,构建以智慧新设施为"树根"、智慧新技术为"树干"、智慧新产业为"树枝"、智慧新应用和新生活为"树叶"的智慧城市"树型"框架,智慧城市运行体系初步形成,实现信息网络广泛覆盖、智能技术高度集中、智能经济高端发展、智能服务高效便民,成为中国智慧城市建设先行示范市
深圳	2013年	《智慧深圳建设实施方案（2013—2015年）》	到2015年,建成国际领先的城市信息通信基础设施,实现城市感知能力、网络传输环境及信息处理能力全面提升;形成集约高效的电子公共支撑体系,信息资源社会化开发利用取得有效突破;打造便捷高效的城市管理和民生服务应用体系,促进社会建设和城市运行管理智慧化;坚持技术应用与产业发展相结合,掌握一批具有自主知识产权的关键核心技术和标准,培育具有国际竞争力的智慧城市支撑产业集群。全市信息化水平显著提升,初步建成公共服务更加普惠、社会管理更加高效、产业体系更加优化、发展机制更加完善的智慧城市示范市基本框架

续表

城市	时间	规划/政策	建设目标
杭州	2012年	《"智慧杭州"建设总体规划(2012—2015)》	到2015年,杭州要努力在数字化、网络化、智能化、工业化、城市化相融合所带来的城市功能、运行效率和生活品质上有显著提升,城市竞争力得到较大提高,使城市运行更智能、发展更低碳、管理更精细、生活更便捷、社会更和谐,为"打造东方品质之城、建设幸福和谐杭州"注入新的动力,增添新的活力
宁波	2010年	《关于建设智慧城市的决定》	争取通过五年的努力,建成一批成熟的智慧应用系统,形成一批上规模的智慧产业基地,智慧城市建设取得显著成效;通过十年的努力,把宁波建设成为智慧应用水平领先、智慧产业集群发展、智慧基础设施比较完善、具有国际港口城市特色的智慧城市
	2012年	《宁波加快创建智慧城市行动纲要(2011—2015)》	到2015年,宁波信息化水平继续保持全国领先,智慧城市智慧应用体系、智慧产业基地、智慧基础设施和居民信息应用能力建设取得明显成效。建成一批智慧城市示范工程,智慧城市应用商业模式创建和标准化建设走在全国前列,力争在优势领域形成对智慧城市建设的引领能力,为建成智慧城市奠定基础
	2015年	《2015年宁波市加快建设智慧城市行动计划》	以基础设施建设为支撑,以信息资源共享为基础,以智慧应用拓展为牵引,以智慧产业发展为突破,促进智慧城市与信息经济互动发展,创建信息经济发展先行区,力争智慧城市建设继续走在全国前列
嘉兴	2012年	《嘉兴市"智慧城市"发展规划(2011—2015年)》	力争通过5年的努力,在基础设施、应用创新和产业发展方面实现突破。到2015年,嘉兴的信息化水平进入全国同类城市领先行列,基本建成宽带、泛在、融合、安全的信息化基础设施,实现行政、商企、民生各领域比较广泛的智慧应用,打造一批重点示范工程和一定规模的智慧产业基地,形成智慧城市发展的基本框架,逐步走出具有嘉兴特色的智慧城市发展之路

续表

城市	时间	规划/政策	建设目标
无锡	2014年	《智慧无锡建设三年行动纲要（2014—2016年）》	通过一中心、四平台和N个应用的建设,即无锡城市大数据中心、电子政务综合信息服务平台、城市管理综合信息服务平台、经济运行综合信息服务平台、民生服务综合信息服务平台和各行各业各领域的智慧应用建设,努力把无锡打造成为具有国际影响力的智慧城市建设先行示范区、具有一流竞争力的智慧经济发展产业集聚区、具有较强辐射力的智慧民生服务创新先导区
青岛	2013年	《智慧青岛战略发展规划（2013—2020年）》	提出智慧青岛建设的5项主要任务和26项重点工程,到2016年,智慧青岛建设取得初步成效的具体目标;到2020年,智慧青岛建设效果全面呈现的中远期目标。规划明确统筹推进、重点突破的实施策略和基础建设阶段（2013—2014年）、重点发展阶段（2015—2016年）、全面发展阶段（2017—2020年）实施步骤,强调每个阶段的主要任务和重点工程建设
重庆	2013年	《重庆市大数据行动计划》	到2017年,大数据技术在民生服务、城市管理及全市支柱产业发展等领域广泛应用,大数据产业成为重庆市经济发展的重要增长极,形成民生服务、城市管理和经济建设融合发展的新模式,构建起云端智能信息化大都市,成为具有国际影响力的大数据枢纽及产业基地
南京	2011年	《南京市"十二五"智慧城市发展规划(2011—2015年)》	力争通过5年的努力,到2015年,使南京的信息化水平进入全国领先行列,基本建成宽带、泛在、融合、安全的信息化基础设施,实现政务、商务、事务各领域比较广泛的智慧应用,打造一批重点示范工程和上规模的智慧产业基地,形成智慧城市发展的基本框架,逐步走出具有南京特色的智慧城市发展之路
	2013年	《智慧南京顶层设计总体方案》	加快智慧南京建设,促进城市规划设计科学化、公共服务均等化、社会管理精细化,全面提升南京信息化水平
	2014年	《关于加快智慧南京建设的意见》	到2020年,建成国内一流的智慧城市,成为国内智慧城市建设的引领者。着重抓好加快提升基础设施智能化水平、构建精细化城市管理体系、完善便捷化公共服务体系、建设现代化产业发展体系、实现网络安全长效化管理五方面工作;在未来3年,主要完成37项重点工程

城市	时间	规划/政策	建设目标
武汉	2012年	《武汉市大数据产业发展行动计划（2014—2018年）》	到2018年，创造一批具有自主知识产权和国内领先水平的大数据新技术、新产品、新标准；建成一批能够集聚全国乃至世界数据资源的大数据产业平台和示范项目；开发一批发展模式领先、服务体系完善、集聚效应明显、支柱地位显著的大数据应用领域；聚集一批国际知名的大数据研发、产品制造、服务运营公司总部和龙头企业，形成丰富的大数据资源聚集地和完善的产业链，带动相关产业新增销售收入过万亿元，支撑创建中国软件名城、武汉智慧城市和国家中心城市
大连	2014年	《大连市城市智慧化建设总体规划（2014—2020）》	到2016年，大连市城市智慧化建设取得初步成效，基本建成以下一代信息基础设施建设及智慧交通、智慧城管、智慧口岸、智慧卫生、智慧教育、智慧社区、物联网产业促进和北斗卫星应用产业发展等重点工程为支撑的智慧城市基础框架。到2020年，城市智慧化建设效果全面显现，城市竞争力明显提升，大连市成为市民幸福安全、经济高端健康的东北亚智慧名城
郑州	2013年	《郑州市关于加快建设智慧城市的实施意见》	到2015年，将郑州建设成为基础设施能级跃升、智慧应用效能明显、产业支撑能力突出、引领辐射作用较强的国家智慧城市建设示范区。城市规划建设与运行管理更具前瞻性、科学性，社会管理与公共服务更具创新性、便捷性，经济社会发展更具协调性、创造性，城市生活更具美好感、幸福感

　　各地的智慧城市规划均结合了城市区域内自身的禀赋和发展需求，因此在发展目标、重点和措施方面各有特色，同时也在城市普遍面临的各类"城市病"和关键问题上有一定共识。部分专家认为，智慧城市建设成败的关键不再是数字城市建设中大量建设新的IT系统，而是如何有效推进城市范围内数据的融合，通过数据和IT系统的融合，从根本上实现跨部门的协同共享、行业的行动协调、城市的精细化运行管理等。

　　为及时、准确地了解国内智慧城市的建设状况和标准化需求，全国信标委SOA分技术委员会于2012年2月至5月对我国开展智慧城市建设的典型城市和企业进行了实地和问卷调研。调研内容包括当前我国智慧城市建设的热点领域、推动要素、问题和挑战、建设重点、支撑技术、智慧城市中SOA的应用状况及标准化需求等。本次调研对象包括28家用户单位以及24家企业。用户单位以政府机构、事业单位为主，包括直辖市（北京、上海）、省会城市（南京、武汉、南宁、成都等）、地级市（扬州、雅安、盐城、咸阳等）的典型辖区或部门，同时也涉及部分高校及科研单位。企业以软件产品提供商、IT集成商为主，也包括少数硬件提供商，多为规模在100人以上的大中型企业。以下为部分调研结果。

1）智慧城市关注领域

智慧城市的典型应用领域包括智慧医疗、智慧政务、智慧教育、智慧园区、智慧交通、智慧旅游、智慧物流等。调研结果表明，企业和用户目前最为关注的三个智慧城市应用领域为智慧政务、智慧交通、智慧公共服务。

在实地调研中，多数用户认为，智慧城市契合了各地发展需求，其本质是城市信息化的高级阶段。各地政府主管部门对智慧城市建设都给予了高度重视，在各自的相关规划和行动方案中结合各地特色和需求，提出了若干重点领域和工程。其中，"智慧政务"被认为是智慧城市建设的基础和核心，为其他领域的智慧应用提供重要支撑；智慧公共服务排在第二位，涉及城市安全管理、环保管理以及市政基础设施建设等内容，与智慧政务密切相关；智慧交通作为第三关注点，涉及"一卡通"、智能交通管理、智能公交系统、智能电子收费等内容，以期缓解城市普遍存在的交通拥堵这一城市病，实现人、道路、交通工具的和谐。

2）智慧城市实施领域

智慧城市项目实施的领域主要集中在智慧政务、智慧交通、智慧公共服务，其中智慧政务应用实施最广泛。

从实地调研中得知，各地方政府近年来通过电子政务和"数字城市"的建设，已经具备了一定的政府信息化基础，目前正在实施的内容包括：全面整合市（区）政府及下属单位的信息资源，实现有序互联、有效共享；优化政府工作流程、配置资源，以标准化服务的方式实现各类跨部门的联动业务，提高政府办事效率，行政审批尽量在网上进行，逐步实现从"一站式"

向"零站式"过渡；创新沟通渠道，增强互动交流；利用网上行政监察和法制监察系统对"服务"的治理，实现阳光权利；融合数据资源和信息资源共享，实现智慧决策；等等。

总体而言，各个地方的智慧城市规划和实施由当地政府根据各自特色和需求开展，在实施中较为注重相互交流和借鉴经验，因此实施较为成熟的领域一般在其他城市也会被优先考虑和推广。

3）智慧城市发展推动要素

推动智慧城市发展的要素有多种，包括政府的合理规划以及城市部门间的协作等。

通过调研得知，企业和用户均认为推动智慧城市发展的主要因素是政府的统一规划和指导、相关标准的制定和城市部门间的协作。除此以外，企业将参与厂商协作与形成产业链作为重要推动要素之一。

"智慧城市"横向覆盖广、纵深跨度大、各地关注度高，目前我国智慧城市建设总体上还处于探索阶段，尚未形成对智慧城市的统一认识，特别是由于物联网、云计算、移动互联网等新兴技术的迅速发展，地方政府及相关信息化主管部门在规划和推进智慧城市建设的过程中，普遍提出需要国家或部委出台相关的顶层设计来指导，同时需要统一的标准规范作为保障和支撑。除此之外，各个地方均强调，部门间的协作是智慧城市建设成功的关键，因此"一把手"工程或推动智慧城市的地方领导级别越高，实施的成功率越高。

从产业发展的角度，智慧城市需要多类企业的联合承建，为用户提供安全、可靠、可持续、可推广的整体解决方案。因此，智慧城市既是我国软件产业、IT服务业、电子产业的发展机会，也进一步对产业链上硬件提供商、基础软件提供商、应用软件提供商、系统集成商、电信运营商、互联网企业等企业的开放、联合和协作提出了更高要求。

4）智慧城市建设重点

企业和用户均认为，当前智慧城市的建设重点为信息资源整合和共享、智能化应用建设两方面，用户单位更将信息资源整合和共享列为第一要务。SOA分技术委员会在实地调研中也发现，政府最关注的都是如何解决信息资源共享、整合、有效利用以及跨部门业务协同等问题，并且部分用户明确提到在使用SOA解决此类问题。

除此之外，其他建设重点依次为数据采集和获取、网络基础设施建设。

同时，我们也了解到，部分城市用户基于云计算数据资源中心来整合数据和应用资源，统筹新系统建设，并为智慧城市提供核心支撑。然而，部分城市表明不希望盲目跟风云计算、物联网、大数据、移动互联网等热点概念，而是更关注资源共享整合和上层应用的问题，采取以应用为核心、逐步推进的思路。

5）智慧城市建设中用户倾向企业

目前我国实施智慧城市的企业众多，除IBM、微软、Oracle等跨国企业外，不少国内企业也提出了相关解决方案，并成功帮助用户规划和实施了一批项目。通过调研得知，智慧城市建设中用户较为倾向的前五个企业依次为中国电信、神州数码、中国移动、中国联通、华为。

绝大多数被调研企业已开展了智慧城市业务，通过积极与地方政府合作，共同推进智慧城市整体规划或相应项目的实施。通过分析可以发现，企业所实施的项目在地域、应用领域、建设方面具有各自的关注点和优势。比如，以中国电信、中国移动、中国联通为代表的电信运营商通过加快3G移动网建设，为智慧城市发展构建了综合业务平台，为城市信息化提供了基础设施建设与运营；以神州数码、中软为代表的集成商倾向于智慧城市体系的整体规划和运营服务，通过智慧城市整合了外部产业链和内部资源；华为的产品和方案利用物联网、通信网、互联网融合技术，为城市信息化系统提供了多样化的交互和控制手段，构建了城市生态发展综合体系；部分企业倾向于提供具体项目的解决方案；等等。

6）智慧城市中遇到的困难

根据调研结果，可以看出用户在建设智慧城市项目中主要遇到如下四方面困难：①项目没有成型经验，很大程度上在摸索建设；②资金筹集难度大，难以形成政策性保障；③主管信息化、数字化的部门级别太低，部门间条块分割严重，协调难度大；④国家对地方信息化建设项目没有形成统一的监管、验收程序。其中，第3点提及最多。

在实地调研中也发现，部分城市的智慧城市建设由市委书记、市长或常务副市长挂帅，信息化主管部门具备较大的协调其他委办局的能力，因此在实施中可以较容易打破条块分割，更快地与各部门形成合力，从而迅速建成智慧的领域应用，使得公众和企业感受到"智慧"对"保民生、促增长"的重要作用，形成正向推动力。

关于其他三点困难，部分城市已经率先开始开拓，如上海市浦东区形成了智慧城市评价指标体系，扬州、南京等市政府与企业联合建立了"智慧城市研究院"、"一卡通"运营机制，浙江省大力推动智慧城市标准体系的顶层设计以及6个城市统一试点和评估的机制。

1.2.4 智慧城市建设示范试点——以"嘉兴"为例

嘉兴地处浙北发达区域，处于浙江省会杭州和国际金融中心上海的中点位置，至两地高铁车程都仅需20多分钟，产业化水平高，城乡差别小；而城市的信息化指数高达0.909，在浙江乃至全国都名列前茅。当前嘉兴正在建设新型智慧城市标杆市，实施"宽带中国"示范城市、国家信息消费试点城市等试点项目，全市高新技术产业增加值占到工业增加值40%以上，装备数控化率达到43%。在第二届世界互联网大会乌镇峰会的"数字中国"论坛上，嘉兴市与全球政、产、学、研各界精英共同"论剑"智慧城市，并入选"全球智慧城市创新实践"，备受各国赞誉。

嘉兴市依托自身城市发展定位和良好的智慧城市建设基础，积极探索在信息化条件下的城市综合治理新路径和新常态，以全程全时公众服务为导向，以支撑国家治理体系和治理能力现代化为根本，以支持国家大安全观为保障，开展新型智慧城市国家标杆示范建设。

（1）嘉兴市智慧城市建设优势

1）基础设施持续完善

2014年，嘉兴市信息化发展指数达到0.909，位列浙江省第三。其中基础设施分类指数达到0.841，位居浙江省第二，提速农村广电网络的双向化升级改造进程；通信使用量不断增长，城乡固定电话用户136.32万户，移动电话用户813.69万户，嘉兴市固定电话和移动电话用户普及率分别为30.3线/百人、180.8线/百人，均高于浙江省平均水平。在2014年于乌镇举办的世界互联网大会期间，嘉兴会同三大基础电信运营商全力打造乌镇精品网络示范区，完成乌镇高达99.2%的4G网络覆盖，并实现了景区内Wi-Fi网络的全覆盖和永久免费使用。

2）信息产业日益壮大

嘉兴市电子信息产业保持较快发展，在浙江省11个地市中的排名已经从2000年的第7名提高到2014年的第3名。2014年，嘉兴市电子信息产业规模总量高达820亿元，形成了以通信电子、新型元器件、光伏、光机电及软件为主导的四大特色产业。闻泰通讯、晶科能源等一批全国电子信息百强企业和天通控股、佳利电子、嘉康电子等一批中国电子元件百强企业纷纷在嘉兴涌现；晶科能源、闻泰通讯、富鼎电子、电产芝浦等企业入围浙江省电子信息制造业重点企业30强；天通控股、昱能科技、佳利电子、嘉康电子、涵普电力、恒业电子、万科思自控等7家企业被授予浙江省电子信息成长性特色企业；并明确了智能终端、装备电子、光伏产业、LED照明、新型元器件和电子材料、集成电路、物联网、软件产业和信息服务业八大领域作为今后发展的重点。

3）学术科研氛围浓厚

嘉兴市长期注重营造有利于企业创新创业的环境，先后引进浙江清华长三角研究院、浙江中科院应用技术研究院、中国电子科技集团第三十六研究所、乌克兰国家科学院中国（嘉兴）中心、同济大学浙江学院等33家国内外科研机构和高校，全国还有200多所高等院校、科研院所与嘉兴2000多家企业建立创新联盟。凭借良好的创新资源，嘉兴在"十二五"期间已经引进培养中国"千人计划"61人、浙江省"千人计划"76人，主持或参与制定国际级标准3个、国家级标准77个、行业标准113个，累计发明专利申请量和发明专利授权量分别为3908件和546件。

4）示范试点不断涌现

A. 中欧绿色智慧城市试点

嘉兴市2013年被国家工信部列为30个中欧绿色智慧城市试点市之一，正式开始推进智慧城市合作。嘉兴市多次组团参加了中欧绿色智慧城市合作试点交流活动，并在城镇化建设、节能环保等方面与中欧伙伴城市开展了经验分享与合作研究。

B. 国家信息消费试点市

2013年10月，嘉兴市凭借较为完善的信息基础设施、初具规模的智慧城市和蓬勃发展的信息产业，成为国家工信部首批68个国家信息消费试点市（县、区）之一，建立了促进信息消费持续稳定增长的长效机制，不断扩大信息消费规模。

C. 国家信息惠民试点市

2014年，作为全国80个信息惠民国家试点城市之一，嘉兴市大力推进信息惠民工程建设，根据国家总体部署和要求，认真谋划、统筹规划，积极探索和推进信息惠民工程建设的新思路、新举措。加强顶层设计和实施推进，始终以解决当前民生服务存在的突出难题为核心，围绕"创新建设信息惠民'嘉兴模式'"这一总体目标，按照"一年打基础、两年拓应用、三年立标杆"的推进策略稳步推进，拓展了信息惠民工程建设的工作和绩效，为嘉兴建设创业创新城、人文生态城、和谐幸福城和现代化网络型田园城市提供了重要的信息化支撑。

D. 省级智慧城市试点

2012年，嘉兴市智慧电力、智慧交通两个建设项目被列为浙江省首批智慧城市试点项目。在智慧电网方面，围绕"三个面向"总体框架，已建成省内首个输电线路状态监测中心、首个变电设备状态管理中心、首个输变电设备远程化管控示范区和首座110千伏智能变电站等一批电网智能化项目，实现了电网的信息化和精益化管理。在智慧交通方面，围绕一平台、两中心、三服务、四管理、四体系，逐步形成了人（货）、车（船）、路和环境协调运行的综合交通运输服务于管理的信息服务体系；建成嘉兴综合交通指挥中心，发布"禾行通"APP，实现了各路交通状况的实时查看、停车诱导、交通运行指数监测等功能。

（2）嘉兴市智慧城市建设理论研究

1）总体架构

嘉兴市智慧城市建设采用顶层设计、分步推进、先易后难、实用优先、试点推广的原则，设计智慧城市总体架构（见图1.5），自下而上分为感知层、通信层、云计算中心、城市综合治理大数据中心、智慧应用；全面构建城市网络安全综合保障体系，提升网络安全技术防范、基础支撑和综合治理能力，强化网络安全监管和应急处置，加强与国家网络安全保障体系和城市安全与应急管理体系的服务对接，满足嘉兴市智慧城市总体建设要求，提供基础设施感知通信、数据采集、计算、存储、城市综合治理的完整建设与运营体系。

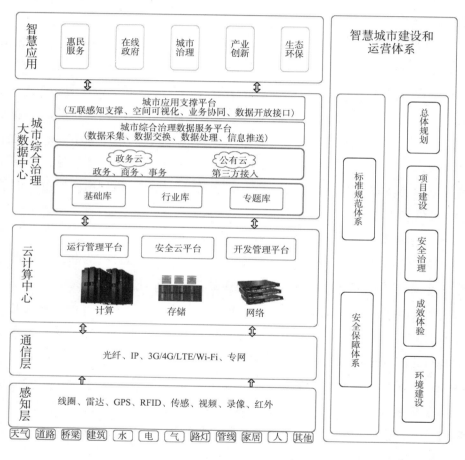

图1.5　嘉兴市智慧城市建设总体框架

A．感知层

通过完善基础设施建设与《嘉兴市智慧城市建设"十二五"发展规划》无缝衔接，充分利用已建平台与基础设施，通过RFID等各类传感器，应用物联网技术实现对城市范围内基础设施、环境、建筑、安全等数据的感知，结合网络空间监测预警平台、网络安全风险防范平台，为实现新型嘉兴智慧城市的产业创新、综合治理、公众服务等应用提供基础数据采集与设备控制技术提供支撑。

B．通信层

通信基础设施是嘉兴智慧城市的信息高速公路，是连接感知层及智慧城市云计算中心和所有信息资源交互的重要基础设施。目前由移动、联通、电信、铁塔为新型智慧城市的通信网络提供大容量、高带宽、高可靠的光网络和全城覆盖的无线宽带网络所组成的完善通信设施，满足市民"随时、随地、随需"都可以宽带上网的需求，为产业创新、综合治理、公众服务提供可靠的通信保障。

C．云计算中心

云计算中心是嘉兴智慧城市的重要组成部分。云计算中心利用绿色、清洁、高效的分布式网络与先进的计算技术，在标准规范管理体系和安全保障体系的支撑下，为嘉兴智慧城市提供弹性可扩展的物联网、云计算、软件开发、安全管理的基础支撑平台。

D．城市综合治理大数据中心

城市综合治理大数据中心旨在解决政府、部门、企业、第三方机构信息孤岛，通过汇聚不同部门、基层、市县乡镇、社会、互联网等不同渠道的数据，建设集数据采集、管理、服务、支撑于一体的大数据中心，形成整个智慧嘉兴的"心脏"。

E．智慧应用

感知层、通信层、云计算中心与城市综合治理大数据中心支撑各种应用，包括产业创新、在线政府、城市治理、惠民服务、生态环保构成的智慧应用，以加快推进长三角创新型经济强市、江南水乡生态型文化大市、杭州湾宜居型滨海新市的建设。

F. 智慧城市建设和运营体系

智慧城市的统一技术和应用接口标准构成基础标准规范体系，规范感知层、通信层、云计算中心、城市综合治理大数据中心以及智慧应用的技术、管理的标准规范。

智慧城市信息安全保障体系在安全基础设施的基础上，从技术和管理两方面为智慧城市提供安全保障。在技术层面上，利用安全云平台从感知层、通信层、云计算中心、城市综合治理大数据中心、应用交付平台提供全面的安全监控、预警防护体系。在管理层面上，针对各自特有的安全隐患分别实施相应的解决方案，实现对智慧城市的层层防控。

智慧城市运营管理体系包括总体规划、项目建设、安全治理、成效体验、环境建设等四个方面内容。

2）建设目标

依托"中国嘉兴"，推进网上办事大厅的建设，通过互联网、微信、短信等方式，为企业、个人提供办事指南、网上申报、在线业务办理、进度查询等功能。稳步推进互动交流，把信息推介、互动交流融入对外服务中，为各类企业、个人提供上报的入口，支持对一些基础材料、标准的报送。接受公众投诉、监督，加强政府信息公开，提高政府公信力和公众的满意度。

以人为本，细分服务群体，梳理不同对象的全生命周期中的重要节点，通过城市治理大数据中心，开放必要的服务数据，充分引入社会资源，利用社会现有第三方信息工具和信息平台，整合与市民日常生活相关的、不同渠道来源的信息，不断丰富完善服务内容，打通服务"最后一公里"，通过互联网、移动终端、信息亭、电话、市民卡、微信等多种信息化手段，整合"一卡、一号、一页、一窗、一屏"，为不同类型的服务对象提供均等化、优质化、个性化的公众服务，实现全程全时式服务，让老百姓随时随地获取所需信息，实现"所愿即所见、所想即可得"。

A. 智慧社保

以市民需求为导向，深化公共事务信息系统建设。构建全市统一和唯一的公共事务信息共享平台和共享数据库，实现市民公共事务信息的"同人、同城、同库"管理。建立社保事务网上一体化经办平台，深化"上网下乡"

服务，社保业务逐步实现由分行业受理向全业务受理，由人工办理向网上虚拟自助办理转变，为市民提供及时、全面的社保服务。深化社保信息应用建设，实现城镇基本医疗保险和新型农村合作医疗患者持卡就医、实时结算。建立公民个人信用评价系统，构建嘉兴市公民个人信用评价指标体系，用大数据分析引擎对政府共享信息资源进行分析建模，结合定性评价规则为每个市民的个人信用情况进行综合评分，并以市民卡为载体为持卡人提供查询应用服务。搭建"三屏（PC、手机、自助终端）合一"多渠道市民服务平台，打造"市民之家"政府公共服务品牌，为市民提供全天候不间断的网上公共事务服务。

B. 智慧社区

建设智慧社区，完善和推广社区综合服务信息平台，整合基层公共服务资源，面向社区提供集政务、商务、物业和信息服务等于一体的一站式属地化便民服务。促进教育、医疗、就业、社保、优抚安置等基本公共服务下沉，同时完善面向老人和特殊人群的便捷服务。推进社区养老信息化建设，加快物联网、移动互联网等在养老服务领域的广泛应用，推广远程健康监护、居家安防等应用。

C. 智慧医卫

建设健康信息平台，包含一张健康医疗卡、一张卫生专网、一个云数据中心、一个健康信息平台；建设全员人口、电子健康档案、电子病历和卫生管理四大资源库；加强信息化在公共卫生、医疗服务、健康服务、药品管理、综合管理、计划生育六项业务中的深入应用；建设健全的信息安全和信息标准两大体系。整合和利用嘉兴市现有医疗资源，让全市居民人人都享受到方便、快捷、有效的健康管理和疾病管理服务，通过信息化资源共享，有效避免重复检查治疗，从而缓解"看病贵"的问题；通过区域影像会诊，使居民在社区享受专家级的医疗服务，为百姓就医提供方便，从而缓解"看病难"的问题；实现区域内医生的网上会诊，社区医院与大医院间的双向转诊，加强区内各医疗卫生机构之间的相互协作，使各级医疗卫生机构的分工与配合更加科学和合理，有助于医疗机构提高医疗水平和工作效率，优化服务质量和工作模式。健康档案、就诊信息、治疗用药信息、电子病历、体检报告、检验检查结果互认共享，市民可以对自己的健康档案进行管理与利用；通过互联网和手机便可享受便捷的全方位医疗咨询、健康教育甚至医疗保健等服务。

D. 智慧文教

深化"三通两平台"建设，整合全市优质教育资源，通过在线互动和点播，为全市中小学生及家长搭建一个内容丰富、优质高效的学习平台。启动"嘉兴市智慧教育云服务平台"建设，采用"公共平台区域建，特色应用学校建"的资源和管理并重的建设模式，构建应用和服务相结合的智慧教育服务系统。在"大嘉兴"范围内整合各类公共文化资源，加快图书馆、博物馆等文化资源的数字化，发挥互联网、手机移动终端、数字电视等平台作用，为市民提供触手可及的公共文化服务。培育互联网文化服务领域龙头企业，有效对接群众文化需求，鼓励企业开发推广各类满足市民需求的数字内容产品和服务，提供更加丰富多样的公共文化产品和服务。

E. 智慧交通

建设嘉兴智慧交通综合信息服务大平台，城市交通、公路、港航和运输等四大服务中心，以及如下五大系统：①包含门户网站、电子站牌、综合客运票务、行车诱导、停车诱导和公共自行车智能调配等内容的出行服务系统；②包含数字公路、数字航道、高速公路不停车收费、交通信息采集及发布等的交通网络系统；③包含推进客货运车辆的专业化、智能化，提高内河水运船舶信息化装备配备水平的运载工具系统；④包含公共服务平台、园区和企业信息技术应用等的物流服务系统；⑤实现交通运输一体化、基础设施数字化、运载工具智能化、出行服务人性化、行业管理高效化的综合业务管理系统。

F. 智慧旅游

整合嘉兴市红色旅游、古镇旅游、江南水乡文化旅游、农业休闲旅游、专业市场旅游等方面的旅游资源，通过GIS、GPS、传感器等新一代信息技术，加强旅游服务、智慧旅游管理和智慧旅游营销方面的应用，打造旅游资源服务平台。推进数字景区建设，提供电子门票、自助导览、自助讲解等服务。进一步提升推广"iTravel嘉兴"APP、"嘉兴官方资讯"微博、"嘉兴旅游商务"网站和"嘉兴旅游咨询服务中心"等智慧旅游产品，为游客提供旅游线路规划和交通、住宿、门票预订购买等一站式服务，提升城市品牌形象。建设旅游市场监测预警平台，开展旅游企业、行业信息动态统计和分析，提升行业运行发展分析能力和决策能力。建立旅游舒适度指标体系，提升旅游公共突发事件预防预警、快速响应和及时处置能力。

（3）嘉兴市智慧城市建设实践成果

1）智慧政务

嘉兴市统筹电子政务项目管理，基本建成了基础资源库；整合政府部门间资源，逐步展开了共享和业务协同；开设网上政务大厅，实现了行政审批等政务服务"一站式"网上办理，并完成了嘉兴电子政务平台建设。

2）智慧教育

嘉兴市启动了智慧教育"在线课堂"项目；推进中小学示范数字校园建设，不断完善嘉兴教育网各栏目内容和子网建设。

3）智慧旅游

嘉兴市推出的"iTravels嘉兴"智能手机APP运用成效明显，为游客提供导游、导览、导航、导购全方位个性化服务。

4）智慧健康

嘉兴市依托居民电子健康管理系统实现卫生系统"大数据"共享，开通了"嘉兴掌上医院"，推进远程诊疗系统建设。

5）智慧民生

2014年嘉兴市启动了"公共事务基层经办一体化平台"和"公共事务网上服务平台"项目，构建了"一个后台、两个前台"的公共事务信息系统支撑框架。

6）智慧文化

嘉兴市通过"文化有约"，打造融合全市文化资讯和资源的公益性文化活动参与网站，推出24小时自助图书馆和数字图书馆手机版等图书便民服务。

7）智慧环保

嘉兴市加强信息监控中心和污染源在线监控系统管理，实现了环境监管由人管为主向人机共管的转变，大大提高了环境执法监管的实效性和针对性。

8）智慧电子商务

嘉兴市电子商务的规模和质量不断提高，"淘宝中国嘉兴特色馆"和"阿里巴巴嘉兴、海宁、桐乡、平湖产业带"项目启动，"海皮城"、"经编单品网"、"洲泉蚕丝城"等一系列的专业网站全面上线运营，为地方特色产业跨越式发展创造有利的条件。

（4）嘉兴市智慧城市未来展望

嘉兴市按照顶层设计、分步推进、先易后难、实用优先、试点推广的路径开展智慧城市建设，做到建设、应用、总结、完善四同步。

2016年，启动城市综合治理大数据中心（城市综合治理数据服务平台、城市应用支撑平台）的建设；启动各有关县市区、各有关部门子平台建设；启动新型智慧城市的各有关应用体系建设，积极推进试验区建设。

2017—2019年，将积极推进十大建设任务：①开展嘉兴—桐乡—乌镇三级联动的顶层设计；②积极推进智慧乌镇建设；③创建乌镇国家互联网经济创新发展综合试验区；④构建城市综合治理大数据中心，打造智慧嘉兴"心脏"；⑤完善基础设施建设，推进城市全面互联；⑥开放融合，提供"无处不在"的惠民服务；⑦深化改革，实现"透明高效"的在线政府；⑧全面感知，实现"精细精准"的城市管理；⑨积极创建"绿色生态"的新型城市；⑩加强网络信息安全保障。

到2020年，全面完成五大目标：①基本完成统筹集约、高速泛在的信息基础设施；②基本建成全方位动态准确的集中式城市综合治理大数据中心；③基本建成惠及城乡、伴随一生的集成化、均等化、优质化、个性化的公众服务体系；④初步实现执政行政、参政议政、司法、权力监督等具有整体性、协同性的城市综合治理体系；⑤初步营造形成创新创业和产业转型发展新环境。

1.3 智慧城市标准化建设

智慧城市的建设和推进是一项意义重大但难度极高的工作，标准体系建设的好与差在很大程度上影响着智慧城市的最终建设效果。因此，要想把智慧城市建好，先要把建设的标准体系建好。目前，浙江省的智慧城市刚刚进入试点阶段，智慧城市的标准化建设不仅有利于保障产品质量和服务质量，维护人民群众的健康安全及相应权益，减少重复建设造成的浪费，更有利于复制与推广试点模式，促进共同进步。

1.3.1　智慧城市标准化目的和意义

（1）目的

我们的智慧城市建设为什么要重视标准？标准化建设为了什么？只有充分理解智慧城市开展标准化建设的目的，才能更好地发挥标准化建设的作用。

首先，充分发挥标准化建设的"统一规范"作用，有效瓦解并防范"信息孤岛"、条块分割的低水平重复建设。目前很多信息产品技术标准都不一样，也缺少统一规范的服务标准，导致许多业务系统各自为政、产生"信息孤岛"。就拿五花八门的卡来说，现在老百姓手里的卡越积越多，购书的、坐车的、健身的……我们希望"一卡通"，但目前还通不了。同样，政府的许多信息无法共享。比如人口信息资源，社会保障部门、计划生育部门、民政救济部门都在管，但三者之间不能共享对方记录的信息，这是系统初建时缺乏统一强制的人口信息标准造成的。我们要吸取这个教训，在智慧城市建设试点时重视统一规范标准，抢占制高点，防止各自为政或政出多门。

其次，充分发挥标准化建设对技术、业务、监管的"规范融合"作用，支持并促进商务模式的创新。标准化可以促进"三大协同"：技术与业务的协同、业务与流程的协同以及业务与监管的协同。前两个协同以公司为主实现，后一个协同则需要由政府主动推动。技术、业务、监管三者协同后可带来商务模式的创新。比如杭州市正在试点的电动汽车项目，因为充电麻烦、电池更换费用高、充电时间长等问题，消费者使用积极性不高。杭州的解决思路是：电池标准化设计，无论大小车都可使用同一种电池，只不过小车用一排电池，公交车几排电池组合使用；由电网公司购买电池并负责充电；构建智慧物流系统，随叫随到更换电池，设置一定数量的配送点和巡逻配送车，市域范围保证15分钟内送到；购买电动车时中央和地方财政补贴一半，电动汽车6万公里以内的电费由政府买单；等等。通过标准化建设，形成了一个新的商务模式，实现了充电、配送、检测与维护三大系统的协同组合，为电动汽车的规模化发展创造了重要条件。如果没有这个标准，汽车生产商、电池生产商、汽车充配电服务方、汽车检查服务方等就没有统一的技术平台。

再次，充分发挥标准化建设对服务质量的"规范保障"作用，打造服务品牌，保障服务品质和服务对象的权益。智慧城市建设的业务项目实际上属于网络服务业，在建设过程中可以并且应该按照ISO9000的要求进行全过程管理，保证每个环节的品质都达到标准以上，从而保证服务品质，创建品牌。

最后，充分发挥标准化建设的"强制实施与制高点推荐示范"作用，加快智慧城市示范试点的"复制与推广"。标准通常有两个类型：一类是强制性标准，另一类是推荐性标准。这两类都可以占领市场开发的制高点，但相对而言，强制性标准占领市场制高点的作用更强。抓住了标准与市场开发的制高点，就抓住了智慧城市业务项目复制与推广的制高点。

（2）意义

开展智慧城市标准化建设的意义包括以下几点：

①先进的标准具有技术先导的作用，是产业发展的蓝图；

②充分发挥标准化建设的"统一规范"作用，有效瓦解并防范"信息孤岛"和条块分割的低水平重复建设；

③充分发挥标准化建设对技术、业务、经营监管的"规范融合"作用，支持并促进商务模式的创新，满足调整产品结构和产业结构的需要；

④充分发挥标准化建设对服务质量的"规范保障"作用，打造服务品牌，保障服务品质和服务对象的权益；

⑤充分发挥标准化建设的"强制实施与制高点推荐示范"作用，加快智慧城市示范试点的复制与推广。

1.3.2　智慧城市标准化建设原则

（1）顶层设计、系统规划

智慧城市标准化建设的各项工作要自动向下、统筹规划、系统开展。要考虑智慧城市标准体系的整体谋划与智慧城市建设方案的制定同时并行，有机结合。

（2）政府引导、多方参与

政府应当积极地切实承担相关引导方面的职责，做好标准化工作的牵头工作，积极营造重视标准的氛围。企业是该进程的主体力量，为此，政府应充分发挥统筹、组织、协调作用，制定出台相关政策措施以调动全社会参与建设"智慧城市"的积极性。

（3）信息共享、业务协同

智慧城市标准化建设要高度重视信息系统的互联互通，应当结合行业应用，以规范带动应用，以共享实现整合，突破标准化工作的系列约束，避免信息孤岛的产生。

（4）重视现有、适度创新

充分运用现有国家、行业及地方标准，规范保障试点项目质量。根据各地方实际，积极推动资源共享、信息交换、流程再造、服务协同、信息安全、模式创新等领域的标准创新。

（5）成果固化、复制推广

要积极总结提炼示范试点建设方案中的标准应用、标准建设、标准示范等方法、路径和创新成果，在更大范围内复制与推广。

1.3.2 智慧城市标准化发展现状

（1）国际智慧城市标准化发展现状

近些年，智慧城市已成为国际的热点领域。国际标准化组织 ISO 在 2013年 1 月出版的《ISO焦点》中提出智慧城市已经成为国际城市发展的热潮，并详细介绍了 ISO 目前开展的标准如何支撑智慧城市建设（见图 1.6），国际电工委员会（IEC）、国际电信联盟（ITU）以及国际标准化组织/国际电工委员会第一联合技术委员会（ISO/IEC JTC1）均在 2013 年开展了智慧城市标准研究工作，并成立了智慧城市相关标准工作组织。

目前，国际上开展"智慧城市"相关领域标准化工作的组织和协会层出不穷，主要领域包括智慧社区、智慧建筑、智慧交通、智慧电网、智慧医疗等。部分组织和协会主要关注特定领域，各组织的关注领域及组织中的重要成员如表 1.13 所示。

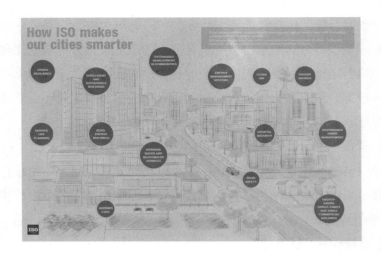

图 1.6　《ISO 焦点》杂志中的智慧城市观点

表 1.13　国际上开展"智慧城市"标准化工作的组织

序号	标准化组织	领域	智慧城市相关标准现状
1	国际标准化组织/国际电工委员会第一联合技术委员会（ISO/IEC JTC1）	开展 ISO 和 IEC 内的信息技术各相关领域的国际标准制定工作	①2012 年 6 月，JTC1 规划特别工作组召开会议，中国提案获得了其他与会国家（美、英、德、法、加、韩）一致同意，决定将智慧城市作为 JTC1 潜在新工作领域。 ②2013 年 5 月，中国向 JTC1 规划特别工作组提交了提案《JTC1 内智慧城市潜在标准工作》，分析了国际各相关组织智慧城市标准进展、与 JTC1 各 SC 和 WG 现有工作的关系以及建议 JTC1 成立智慧城市研究组的建议。 ③2013 年 11 月，国际标准化组织/国际电工委员会第一联合技术委员会（ISO/IEC JTC1）通过了我国提议成立"智慧城市研究组"的决议，并由工信部电子工业标准化研究院有关人员担任召集人和秘书，美国、法国、韩国、日本、加拿大、荷兰、德国、英国、新加坡均表示将积极参加研究组工作。 ④2015 年 10 月，ISO/IEC JTC1 第 30 次全会在中国召开，我国专家提案的智慧城市工作组（WG11）获一致通过，且我国专家被任命担任召集人与秘书。国际电工委员会智慧城市系统评估组（IEC SEG1）将成立新的智慧城市 SyC 工作组（群），我国专家担任副主席，我国专家在 8 个工作组（WGs）

续表

序号	标准化组织	领域	智慧城市相关标准现状
			中担任6个工作组召集人。国际电信联盟ITU-T SG2已成立,我国专家担任副主席。这一些工作标志着我国在智慧城市领域的标准化研究进一步赢得国际话语权
2	智能运输系统技术委员会(ISO/TC204)	开展智能交通系统领域城乡陆地运输中信息、通信和控制系统的国际标准化工作	①ISO 10711:2012智能运输系统.交通信号控制器与探测器间接口协议及消息集定义(Intelligent transport systems—interface protocol and message set definition between traffic signal controllers and detectors); ②ISO/TS 13141:2010电子计费采集.自主系统本地化增强通信(Electronic fee collection—Localisation augmentation communication for autonomous systems); ③ISO 13183:2012智能运输系统.陆地移动通信访问—使用广播通信(Intelligent transport systems—Communications access for land mobiles(CALM)—Using broadcast communications); ④ISO/NP 14296智能运输系统.联合ITS应用的地图数据库规范扩展(Intelligent Transport Systems—Extension of map database specifications for applications of cooperative ITS); ⑤ISO/PRF TR 14806智能运输系统.公共交通支付媒体应用需求(Intelligent transport systems—Public transport requirements for the use of payment applications for fare media)
3	智慧城市基础设施分技术委员会(ISO/TC 268 SC1)	开展城市智能基础设施评价的国际标准化工作	①ISO 37101社区可持续发展与适应能力.管理系统·总体原则及需求(制定中)(Sustainable development and resilience of communities—Management systems- General principles and requirements(under development)); ②ISO 37120社区可持续发展与适应能力.城市服务与生活质量全球城市指标(制定中)(Sustainable development and resilience of communities—Global city indicators for city services and quality of life(under development)); ③ISO 26000:2010社会责任指南(Guidance on social responsibility);

续表

序号	标准化组织	领域	智慧城市相关标准现状
			④ISO/TR 37150 全球智慧城市基础设施技术报告（A technical report on smart urban infrastructures around the world）； ⑤ISO 37151 基础设施智能基准度量（制定中）（Standard on harmonized metrics for benchmarking smartness of infrastructures（under development））； ⑥ISO/TR 37150 智慧城市基础设施标准技术报告（Smart community infrastructures—Review of existing activities relevant to metrics）
4	传感网工作组（ISO/IEC JTC1/WG 7）	开展传感器网络领域标准研制工作	①ISO/IEC DIS 29182-1 信息技术.传感网.传感网参考体系架构.第一部分:概述及需求（Information technology—Sensor networks: Sensor network reference architecture（SNRA）—Part 1: General overview and requirements）； ②ISO/IEC WD 30101 信息技术.传感网:智能电网系统传感网及接口（Information technology—Sensor Networks: Sensor Network and its interfaces for smart grid system）； ③ISO/IEC WD 30128 信息技术.传感网:通用传感网应用接口（Information technology—Sensor Networks—Generic Sensor Network Application Interface）； ④ISO/IEC DIS 20005 信息技术.传感网:智能传感网协同信息处理的服务及接口（Information technology Sensor networks—Services and interfaces supporting collaborative information processing in intelligent sensor networks）
5	物联网特别工作组（ISO/IEC JTC1/SWG 5 IoT）	负责确定物联网标准化需求,向政府、产业和其他组织机构推广 JTC1 制定的物联网标准	2012 年新成立,该工作组负责研究物联网范围、概念和市场前景等基本内容以及开展相关标准化组织协调工作,不开展标准化研制工作

续表

序号	标准化组织	领域	智慧城市相关标准现状
6	智能电网特别工作组（ISO/IEC JTC1/SWG Smart grid）	负责确定智能电网标准化需求，向政府、产业和其他组织机构推广JTC1制定的物联网标准	2012年新修订了工作范围，在智能电网领域中加强ISO内部及与IEC、ITU-T的合作，特别是与IEC SMB第三战略组智慧电网的合作
7	健康信息学（ISO/TC 215）	开展关于健康、健康信息和通信技术领域的标准化工作	①ISO 10159:2011 健康信息.消息和通信.参考清单网络访问（Health informatics—Messages and communication—Web access reference manifest）；②ISO/HL7 DIS 10781 电子健康记录·系统功能模型（Electronic Health Record—System Functional Model, Release 2.0（EHR FM））
8	在创新项目、企业及区域中能量节约的总体技术规则技术委员会（ISO/TC 257）与能量管理分技术委员会（ISO/TC 242）成立的联合工作组	开展能效测评的原则和指南标准化工作	与智慧城市能效相关的四项新工作：①应用于计算及报告的方法框架定义（Definition of a methodological framework applicable to calculation and reporting）；②国家、地区或城市的能效、节能通用计算方法（General calculation methods on energy efficiency and savings for countries, regions or cities）；③工程节能度量、计算及验证的总体技术规则（General technical rules for measurement, calculation and verification of energy savings for projects）；④组织及其他企业通用的计算方法（General calculation methods for organizations and other enterprises）
9	建筑环境设计技术委员会（ISO/TC 205）	开展新建和改进建筑物内部宜居环境设计的标准化工作	ISO 13153:2012 独立家居及小型商业楼宇节能设计过程框架（Framework of the design process for energy saving single-family residential and small commercial buildings）
10	建筑和城市工程项目技术委员会（ISO/TC 59）	开展房屋建筑设计寿命、建筑工程信息结构、建筑环境可取性与宜居性、建筑结构的生态合理性等的标准化工作	①ISO 15686 建筑及结构性资产.服务周期规划（Buildings and constructed assets—Service life planning）；②ISO 16739 建筑业及设施管理业数据共享领域基础分类（Industry Foundation Classes（IFC）for data sharing in the construction and facility management industries）

续表

序号	标准化组织	领域	智慧城市相关标准现状
11	社会安全（ISO/TC 223）	开展公共安全应急管理中预防准备、预警、监测、持续管理、演练、能力评估等多方面的国际标准化工作	①ISO 22320:2011 社会安全.应急管理.事故响应要求（Societal security—Emergency management—Requirements for incident response）； ②ISO 22322 社会安全.应急管理.公共预警（Societal security—Emergency management—Public warning）
12	道路交通安全管理系统（ISO/TC 241）	开展道路交通安全领域的标准化工作，包括需求、道路交通安全第三方认证审计要求、实现及指南	①ISO 39001:2012 道路交通安全管理系统.要求使用指南（Road traffic safety（RTS）management systems—Requirements with guidance for use）； ②ISO 20121:2012 事件可持续管理系统.要求使用指南（Event sustainability management systems—Requirements with guidance for use）； ③ISO 26000 社会责任指南（Guidance standard on social responsibility（SR））
13	国际电工委员会智慧城市系统评估组（IEC Smart Cities System Evaluation Group）	开展IEC内智慧城市标准化整体规划和研究	①2013年6月召开的SMB会议上，正式成立了IEC智慧城市系统评估组，日本为主席国，中国和德国为副主席国，以开展IEC内智慧城市标准化需求研究和整体工作规划，并对IEC如何开展智慧城市标准工作、现有IEC标准如何衔接以及潜在新标准项目等内容开展研究； ②2013年12月，IEC/SEG1智慧城市系统评估组在德国柏林召开了首次全体会议，大会全面展示了各国际标准化组织、区域及国家标准组织在智慧城市标准化领域的工作进展情况； ③2014年2月，IEC/SEG1智慧城市系统评估组在德国法兰克福举办第二次全会，中国代表团继续坚持国标委统一领导，主导TG1术语、评价、指标和城市战略调研，深度参与和影响TG2参考模型、TG3标准化路线图的工作
14	IEC的标准化管理委员会第三战略工作组智能电网战略工作组（IEC/SMB/SG3 Strategic Group on Smart Grid）	开展智能电网协议模型的标准化工作，研究智能电网设备及系统互操作的长期战略规划	①智能电网互操作体系框架和路线图； ②IEC/TR 62357:2003 电力系统控制和相关通信.目标模型、服务设施和协议用参考体系结构（Power system control and associated communications—Reference architecture for object models, services and protocols）； ③IEC 61850变电站自动化（Power Utility Automation）； ④IEC 61970 公共信息模型/电力管理（Common Information Model（CIM）/ Energy Management）；

续表

序号	标准化组织	领域	智慧城市相关标准现状
			⑤IEC 61968公共信息模型/分布管理（Common Information Model (CIM) / Distribution Management）； ⑥IEC 62351安全防护（Security）
15	国际电工委员会智能电网用户接口（IEC PC118）	制定智能电网用户接口系统体系架构、用户侧应用系统的功能和性能要求、用户侧系统/设备的信息交换接口等方面的规范和标准	目前正在开展的工作项： ①IEC PC118技术报告； ②制定IEC PC118标准工作路线图； ③开展智能电网用户接口和需求响应国际合作研究
16	美国国家标准技术研究院（ANSI）	研究智能电网的标准体系和制定智能电网标准，开展智能电网互操作性研究，开展智慧城市标准制定工作	①牵头制定智能电网互操作体系框架和路线图的路线图（2.0版本）； ②2013年4月启动智慧城市标准论坛，梳理美国国内及国际标准化组织智慧城市标准化工作动态，分析智慧城市标准制定面临的机遇及挑战，提出开展智慧城市的标准制定方案
17	电气和电子工程师协会燃料电池、光伏、分散式发电及能源储备标准协调委员会（IEEE SCC21）	为建设更加可靠、灵活的电力系统提供新的方法，推动智能电网技术标准的编制和现有标准的修订工作	①研究标准体系，制定智能电网的标准和互通原则（IEEEP2030）； ②IEE2030指南：能源技术及信息技术与电力系统（EPS）、最终应用及负荷的智能电网互操作； ③IEEE P2030标准草案：智能电网中基于信息和通信技术的电力系统终端用电设备/用户之间的互操作； ④召开智慧城市标准化工作研讨会
18	欧盟委员会（European Commission）	开展城市进行最佳规划设计，研究使其能更好地适应智慧型城市可持续发展的环境模式	①2012年7月10日，欧盟委员会启动了"智慧城市和社区欧洲创新伙伴行动"，在该领域间建立战略伙伴关系，并促进欧洲各城市更好地开展未来城市体系和基础设施的建设； ②欧盟第七科技框架计划（FP7）资助物联网标准及智慧城市标准制定工作； ③2011年，正式推出了"智慧城市和社区开拓计划"，涉及交通和能源；

续表

序号	标准化组织	领域	智慧城市相关标准现状
			④2007年提出了一整套智慧城市建设目标,并付诸实施,欧盟的智慧城市评价标准包括智慧经济、智慧交通、智慧环境、智慧治理等方面,瑞典、芬兰、荷兰、卢森堡、比利时和奥地利等国家的城市智慧程度较高
19	欧洲标准委员会(CEN)		①CEN与ETSI负责并积极推进欧洲智能交通的标准化工作,负责制定ITS系统中与应用相关的标准; ②CEN也关注智慧电网的研究,与欧洲电信标准化协会(ETSI)、欧洲电工技术标准化委员会(CENELEC)发布了《欧洲智慧电网标准化建议》; ③CEN/TC 25关注医疗信息标准化方面的工作,组织、协调、制定和发布健康信息学标准,实现不同健康信息系统之间的相互兼容和互操作; ④2012年12月5日召开了大会,大会主题为"智慧城市及能源:智慧城市中标准化工作的重要角色"
20	国际电信联盟—远程通信/环境和气候变化/可持续发展智慧城市焦点组(ITU-T/SG 5/FG SSC)	联合研究基于ICT的智慧城市标准化框架	①2013年2月12日成立,研究基于ICT技术的智慧城市可持续发展标准化需求,推动社会、经济、环境可持续发展; ②ITU-T L.1400评估信息通信技术环境影响的方法概述和一般性原则(Overview and general principles of methodologies for assessing the environmental impact of information and communication technologies); ③ITU-T L.1430 ICT项目环境影响(Environmental impact of ICT projects)为智能建筑、智能交通、远程监控及视频会议服务在内的ICT新项目在减少温室气体排放、节能方面提供了度量框架
21	Health Level Seven International	开发和研制医院数据信息传输协议标准,优化临床及管理数据的程序,提高信息系统之间数据共享的程度	HL7卫生信息交换标准(Health Level 7),是目前作为规范应用层与各医疗机构、医疗事业行政单位、保险单位以及其他服务机构的各种不同信息系统之间进行医疗数据传递的主要标准

序号	标准化组织	领域	智慧城市相关标准现状
22	美国放射学会（ACR）和全美电器厂商联合会（NEMA）联合组成委员会	研制 DICOM 标准，涵盖了医学数字影像的采集、归档、通信、显示及查询等所有信息交换的协议	医学影像信息学领域的国际通用标准，如DICOM标准（Digital Imaging and Communication of Medicine）
23	英国标准研究院（BSI）	开展智慧城市标准战略工作	制定英国智慧城市标准战略，研究现有标准状态及调研相关团体需求，提出影响智慧城市关键领域的应优先启动的标准项目，提出标准战略总体目标促进实施智慧城市，以及提供风险管理的保护机制
24	日本"智能城市基础设施评估指标国际标准化国内准备委员会"与"标准认证创新技术研究协会"（IS-INOTEK）	推动制定由日本提出的智慧城市产品测定的国际标准和全球城市指标项目	由日本20家企业及业界团体组织的"智能城市基础设施评估指标国际标准化国内准备委员会"与"标准认证创新技术研究协会"（IS-INOTEK）于2011年10月向国际标准化组织（ISO）提议制定"智能城市基础设施评估指标"标准。全球城市指标机构（GCIF），总部位于加拿大多伦多大学，研究标准化城市指标，用于城市表现跟踪，城市间问题和解决方案的对比以及经验推广。由于迫切需要一个全球城市指标总体系统，以便对城市表现和生活质量进行衡量和监控，全球城市指标项目聚焦人口超过100000的城市，围绕两大门类22个主题，对各项城市服务和生活质量因素进行衡量。该项目通过使用各项指标和基于网络的关系数据库，使城市实现自我衡量、报告和智能度提高，促进能力建设和推广最佳实践
25	韩国u-City标准论坛	韩国U-Korea战略及U-City	2006年，韩国提出了为期十年的u-Korea战略；2009年，韩国通过了u-City综合计划，将智慧城市建设上升至国家战略层面。关于标准工作，专门成立了u-City标准论坛，配合制定韩国智慧城市建设所需的标准

（2）国内智慧城市标准化发展现状

1）国家智慧城市标准化总体组

我国智慧城市建设整体上处于起步阶段，不少城市对于城市当前状态和未来智慧城市建设目标缺乏科学、全面的认识，导致许多城市在规划和建设中缺乏依据，存在盲目投资建设的情况。智慧城市标准体系缺失是我国各地在智慧城市建设推进中遇到的核心问题之一。

为加强我国智慧城市工作的统筹规划和协调管理，国家标准委经商国家发改委、科技部、工信部、住建部等有关部门，国家标准委于2014年1月正式印发《关于成立国家智慧城市标准化协调推进组、总体组和专家咨询组的通知》（国标委工二〔2014〕33号）。此举措将相关研究组织集中在一起，共同探讨智慧城市标准体系和关键标准，科学、规范、有序地推进智慧城市标准化工作的开展，有利于发挥标准化在智慧城市建设中的技术支撑作用。

在国家智慧城市标准化协调推进组、国家促进智慧城市健康发展部际协调工作组、国家标准化管理委员会的统一指导下，国家智慧城市标准化总体组（以下简称总体组）负责开展我国智慧城市标准体系及关键技术标准规划与研制工作，主要工作内容如下。

①标准规划与咨询：深入参与智慧城市国际标准化工作，国际国内研究成果互转化；规划并建设国家智慧城市标准体系；规划并研制智慧城市关键技术标准。

②标准宣贯与培训：国家智慧城市标准体系规划与建设；智慧城市基础性国家标准解读；国家智慧城市评价指标体系总体框架；国家智慧城市评价指标体系分项制定总体要求；智慧城市国际标准化工作概况；智慧城市关键国际标准解读；国内外智慧城市最佳实践分享；智慧城市标准化服务工具建设。

③试点评价：根据国家智慧城市评价指标体系总体框架、分项制定要求，为分领域评价指标体系研究提供指导和支撑；选取较为成熟的智慧城市试点建设单位，开展评价指标体系的应用实施。

在国家标准委统筹下，总体组自成立以来已取得丰富的研究成果：持续深入参与ISO、IEC、ITU智慧城市国际标准化工作，成果显著；初步搭建形成我国智慧城市标准体系和标准明细表；开展国家标准的立项规划、研究工作；开展评价指标体系总体框架及分项制订要求研究与编制工作；编制并发布《中国智慧城市标准化白皮书（2014年）》等。

总体组主要构成如图1.7所示。其中，总体组秘书处承担日常管理工作，总体组的组长单位和副组长单位负责统筹制定总体组年度工作目标和任务。总体组下设四个工作组,包括标准协调工作组、评价工作组、国际标准化工作组和应用推广工作组。每个工作组的具体研究工作由各个成员单位的相关技术专家承担。成员单位都可根据所擅长领域或感兴趣的领域申请加入相关工作组,并安排专人负责参与该工作组的研究工作。

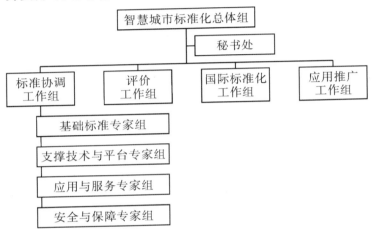

图1.7 智慧城市标准化总体组织架构

2)国内其他智慧城市标准化组织

我国多个标准化相关机构或协会已开展了智慧城市的标准体系框架的研究和部分标准的研制工作,涉及信息技术、通信技术以及相关行业或领域。2012年12月12日,全国信息技术标准化技术委员会SOA分技术委员会(筹)(以下简称SOA分委会)成立了智慧城市应用工作组,开展智慧城市标准化的工作。SOA分委会组织有关城市信息化主管部门、企业、用户、高校、科研院所进行智慧城市标准体系的初步研究,初步提出了智慧城市标准体系框架,并建议在国家有关主管部门指导下,通过标准化组织、地方信息化主管部门、行业协会和企业密切协作,积极研究智慧城市建设的共性需求,加强对现有相关信息、通信技术和应用领域标准化力量的协调,加快制定完善我国智慧城市建设所急需的基础、数据和服务支撑、建设运行、安全、应用类标准及标准综合应用指南(如智慧城市评价、信息汇聚和存储、数据智能挖掘分析、业务协同处理、项目建设评估、统一服务访问等通用标准，以及智慧交通技术参考模型、智慧政务标准应用指南等领域的特定标准)，积极固化城市建设和创新经验，以尽快形成满足我国智慧城市建设需求的标准体系。

此外，地方层面也有部分省市开展了智慧城市标准研究，比如浙江省、上海市、南京市、宁波市等地已将智慧城市标准工作纳入工作任务，并成立了地方标准化组织，开展智慧城市评价指标体系、信息资源目录和交换等标准规范的研究。

在国家层面开展智慧城市标准研究的以全国性的标准化技术委员会为代表，主要的组织及其关注领域、成员情况如表1.14所示。

表1.14　国内开展"智慧城市"标准化工作的组织

序号	标准化组织	关注领域	主要成员
1	国家智慧城市标准化总体组(SMCSTD)	主要职责是拟定我国智慧城市标准化战略和推进措施,制定我国智慧城市标准体系框架,协调我国智慧城市相关标准的技术内容和技术归口,指导总体组下设各项目组开展智慧城市国家标准制定、国际标准化和标准应用实施等工作	总体组组长单位为北京航空航天大学,副组长单位为工信部电子工业标准化研究院、工信部电信研究院、中国城市科学研究会,成员单位包括浙江省标准化研究院、山东省标准化研究院等
2	全国信息技术标准化技术委员会(TC 28)	已开展RFID、物联网、信息资源、SOA、云计算、中间件、Web服务、构件、软件和系统工程等智慧城市相关技术标准的制定。目前SOA分技术委员会已成立智慧城市应用工作组,开展智慧城市标准体系研究及智慧城市术语、基础参考模型、评价模型和指标体系等标准化工作	CESI、北京大学、北京航空航天大学、神州数码、上海浦东智慧城市研究院、浙江省标准化研究院、中国软件、复旦大学、中创中间件、长风联盟、IBM、大唐软件、东方通、浪潮、北邮、宝信软件、上海软件行业协会等120家成员单位

续表

序号	标准化组织	关注领域	主要成员
3	全国智能建筑及居住区数字化标准化技术委员会(TC 426)	主要职责是从事国内城市信息化数字应用标准研究以及智慧城市标准体系研究,重点关注城市一卡通、智能家居、数字城管、智能建筑四方面的标准研制	全国智能建筑及居住区数字化标准化技术委员会成员单位,包括住建部标准定额研究所、国家电子计算机质量监督检验中心、机械工业仪器仪表综合技术经济研究所、住建部IC卡应用服务中心、住建部信息中心、住建部标准定额研究所等
4	全国智能运输系统标准化技术委员会(TC 268)	主要职责是从事国内智能运输系统领域的标准化研究工作的技术工作组织,负责智能运输系统领域的标准化技术归口工作	全国智能运输系统标准化技术委员会的成员单位,交通运输部公路科学研究院牵头
5	中国通信标准化协会(CCSA)泛在网技术工作委员会(TC10)	主要职责是面向泛在网相关技术,根据各运营商开展的与泛在网相关的各项业务,研究院所、生产企业提出的各项技术解决方案,以及面向具体行业的信息化应用实例,形成若干项目组,有针对性地开展标准研究。开展智慧城市术语、总体架构、评估方法及指标体系等相关标准研究	泛在网技术工作委员会的应用工作组成员单位
6	中国智慧城市产业技术创新战略联盟	2012年成立,关注智慧城市技术研发、产业应用推进及标准研究	神州数码、北京航空航天大学等36家成员单位
7	中国电力企业联合会	关注智能电网标准化工作,联合中国电力科学研究院和南方电网科学研究院制定《智能电网标准体系框架研究》	中国电力企业联合会成员(包括国家电网公司、南方电网公司等大型电力企业集团,中国电力企业联合会现有70个常务理事单位、191个理事单位、1188个会员单位)
8	中国标准化研究院	关注医疗信息化的标准化工作,ISO/TC 215的国内对口单位	

续表

序号	标准化组织	关注领域	主要成员
9	闪联信息产业协会	关注研制技术类标准IGRS（信息设备资源共享协同服务）标准，应用于智慧城市的多个领域，如智慧社区、智能家居、智慧教育、智能用电、智慧医疗等	联想、TCL、康佳、海信、长城等
10	浙江省智慧城市标准化委员会	关注智慧城市标准体系研究、关键标准研制及标准在浙江省典型智慧城市项目中的应用	浙江省标准化研究院承担秘书处

（3）浙江省智慧城市标准化发展现状

1）浙江省智慧城市标准体系研究

A. 标准体系框架设计原则

设计智慧城市标准体系应以信息化标准化理论为指导，按照标准体系建设的理论和方法，结合浙江省智慧城市技术体系框架，并坚持以下原则。

①科学性：根据不同的应用需要，从不同维度获取分类对象较为稳定的本质或特征作为分类的基础和依据；科学性是标准体系建设的最基本的原则，能保障引用该标准体系的应用系统和技术系统安全、可靠、稳定地运行。

②系统性和协调性：系统性和协调性是标准体系中各个标准之间内部联系和区别的体现；遵循系统性和协调性的原则，将使所需的各项标准能够分门别类地纳入标准体系的相应位置，并使其协调一致，互相配套，构成一个完整的整体。

③先进性：要求标准体系的建设充分体现相关技术的发展方向，符合"十三五"信息发展规划的要求。

④兼容性：积极等同采用或修改采用国家标准、国际标准和国外先进标准，以及行业标准、地方标准，并与它们保持最大的一致性或兼容性。

⑤可操作性：要求标准体系的构建和具体标准内容的设置要紧密联系建设和发展的要求，对系统建设具有较强的可操作性。

⑥可预见性：要求标准体系既要考虑到目前的技术和应用发展水平，也要对未来的发展趋势有所预见。

⑦可扩充性：考虑到目前有些需求不甚明朗，因此，在标准体系编制过程中，还应充分考虑标准体系的可扩充性，使其能够随技术的发展以及系统需求的变化和发展获得兼容性扩充。

⑧综合实用性：应紧密围绕浙江省智慧城市的要求和特点，在满足总任务、总要求的提前下，尽量满足智慧城市各应用系统建设单位的实际需要。

B. 标准体系框架构成分析

智慧城市的标准体系设计应该根据智慧城市的技术内容设立，按照目前行业内普遍认可的技术要求，智慧城市的技术体系自下而上由感知控制层、网络传输层、数据层、服务支撑层、应用层以及安全管理和评估体系构成。全国智标委开展智慧城市标准体系研究，提出了智慧城市标准体系，包括总体标准、感知控制层标准、网络传输层标准、数据层标准、服务支撑层标准、应用层标准、安全标准和管理标准。我们结合智慧城市的技术体系，对全国智能建筑及居住区数字化标准化技术委员会提出的智慧城市标准体系进行了归纳和补充，构建出符合浙江省特色的智慧城市建设的标准体系模型。浙江省智慧城市标准体系框架包括总体标准、服务标准、数据标准、应用标准、基础设施标准、管理标准和安全标准七大模块（见图1.8）。

a. 总体标准

总体框架标准是智慧城市建设的总体框架性的标准，包括浙江省智慧城市建设的总体技术要求等，主要用于浙江省智慧城市各应用系统的设计开发。

术语标准用于规范智慧城市各应用系统建设中通用的术语。没有术语，管理者、建设者和使用者就无法进行有效的交流。术语标准包括术语标准的编写原则和方法，以及智慧城市建设过程中常用的信息技术术语和各应用领域的业务术语等，适用于业务人员和技术人员在业务描述、系统设计、软件开发、使用维护等方面对术语的内涵和外延获得准确一致的理解。其中信息技术术语可直接引用已颁布的国家标准。重点是编制智慧城市各应用系统的业务术语标准，例如智慧安监、智慧物流、智慧交通、智慧安居等应用系统的术语。

标准化工作指南用于规范智慧城市各应用系统的标准化管理体制、工作程序等方面的内容，指导智慧城市各应用系统标准项目的研制和管理。一般

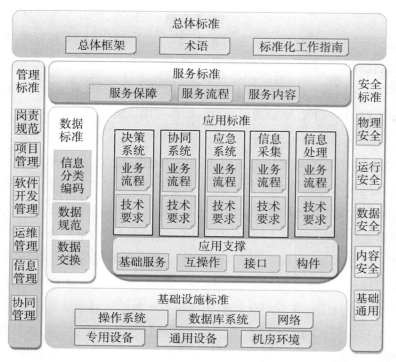

图1.8　智慧城市标准体系总体框架

包括智慧城市标准化工作指南、智慧城市标准的结构和编写规则等。

　　b. 服务标准

　　服务标准是为规范智慧城市应用系统为政府、企业、团体和个人服务的全流程的标准。它是按照一揽子解决问题的总体要求，将服务内容、业务流程、质量控制、服务保障等按照资源整合、业务协同的原则编制成系统运营全过程所需要的服务和管理标准。服务标准是智慧城市应用软件开发和系统集成的重要依据。其作用是规范服务内容和形式，提升服务质量和水平，打造服务品牌，保证服务对象的权益。

　　服务保障标准规定提供服务的组织架构、人员岗位职责、工作内容、资格等相关方面的规范。

　　服务流程标准规定服务的整个流程的环节、执行条件、约束等内容。

　　服务内容标准规定服务内容的形式、质量评价、使用方式等内容。

c. 数据标准

数据标准主要是通过对数据基本单元的标识、分类和描述等各个方面进行规范化和标准化，保证数据的准确性、可靠性、可控制性和可校验性，以实现数据交换与共享以及信息集成。数据标准包括分类与编码、数据规范、数据交换标准方面的标准。

分类与编码标准用于智慧城市应用系统建设中对信息进行统一的分类，建立规范的分类体系；提供统一的代码，建立规范的标识体系。其中与个人、组织、地理、自然资源等有关的分类已有大量国家标准，可直接引用。重点需要编制的是智慧城市应用系统业务的分类与编码。

数据规范标准用于智慧城市应用系统建设过程中对信息资源的统一描述，包括数据元标准化的基本原则和方法，各应用领域各类复杂数据的数据规范，以及各类智慧城市应用系统业务数据的数据字典标准等。数据元是智慧城市各应用领域信息化中最小的数据单元，通过对数据元的名称、表示形式、值域等多个属性的规范，可以保证不同应用系统之间以及同一应用系统对同一对象的描述和表达准确一致。

数据交换标准用于规定智慧城市各类应用系统之间以及同一应用系统中数据交换的标准。

d. 应用标准

应用标准是指规范智慧城市各应用系统开发与维护过程中涉及的各种标准，是面向业务系统、业务流程的应用设计规范，主要包括应用支撑及业务应用系统所需要的标准。其作用是保障应用系统的功能完善、性能优良、技术先进、架构开放，具备较强的可维护性和可扩展性。

应用支撑标准是指为业务应用系统提供基础服务、互操作机制、构件等应用支撑层规范。

业务流程标准是指智慧城市应用领域的业务流程中的基本的业务流程单元，为核心业务流程的梳理和构造提供支撑，包括业务流程的设计方法、业务环节、人员角色、流程时序及接口设计等，还包括工作流程方面的标准，如操作规程、业务相关的指南、要求等。

技术要求标准用于规范智慧城市各业务应用系统的基本功能、基本性能、用户界面及标准符合性等方面的总体技术要求。

e. 基础设施标准

基础设施是指智慧城市应用系统的网络设施、信息处理的设备、计算机操作系统及数据库系统等基础软件系统、人员与设备的工作环境。基础设施标准用于基础设施的规划、采购及建设，包括智慧城市应用系统通用设备标准、专用设备标准、网络标准、机房环境以及系统软件方面的标准。

通用设备标准是指智慧城市建设中使用的各种通用的设备标准，用来指导设备选型、安装调试、验收、招标等方面的工作，以便实现信息处理设备间的互相兼容与互联，主要包括计算机及外围设备、机房设备等方面的标准。

专用设备标准是指智慧城市各应用系统专用的产品方面的设备标准及其管理标准。

网络标准是指智慧城市各类网络和各级节点局域网建设等方面的标准，用于指导智慧城市网络建设和管理，包括网络通信设备、广域网、局域网、手机通信网、专用网络等各类网络，涉及网络拓扑结构、域名规划、网络 IP 地址分配等方面。

机房环境标准是指为计算机系统、设备及工作人员提供工作环境的机房等建设标准，以及综合布线方面的标准。

系统软件标准是指操作系统、数据库系统等系统软件方面的标准，用于指导系统软件的选型、安装调试、验收、招标等。

f. 管理标准

管理标准是指为智慧城市应用建设项目及信息系统运维所需的管理标准。

岗责规范规定人员的岗位职责、工作内容、权限、考核资格等相关方面的规范。

项目管理标准采用项目管理通用的过程描述方法，按照项目的生命周期，对智慧城市应用系统建设中项目管理相关过程进行规范。

软件开发管理标准规定在智慧城市应用系统建设中，软件开发过程中的需求分析、详细设计、程序编码、系统测试、功能测试、测试验收、试点推广等主要阶段所涉及的进度、质量等方面的管理要求。此外，软件开发管理包括每个阶段的软件开发文档方面的要求。

运维管理标准是指税务信息系统日常运行维护所需的管理标准，包括数据库维护管理、网络维护管理、业务系统管理、主机系统管理、存储备份管理等。

信息管理标准是指对智慧城市各应用领域业务产生以及收集的各类信息资源，包括对纸质和电子形式（如文档、软件、数据库、网站内容、多媒体等）的信息资源进行管理的标准，以及信息资源采集、加工、存储、交换、发布、共享、服务和应用等所需的技术标准与规范。信息管理通常用于实现信息系统间的信息共享，保障信息资源的有效应用。

协同管理标准是指对跨部门、跨领域的项目、信息资源、技术等内容，统筹各方力量和资源，制定信息、技术、业务和管理决策等协调统筹方面的管理标准。

g. 安全标准

信息安全是对信息的机密性、完整性、可用性、可控性等的保护，具体反映在物理安全、运行安全、数据安全、内容安全四个方面。此外，将跨越四个方面的基础性、通用性的安全标准作为基础通用安全标准。智慧城市安全标准规定了为保障智慧城市应用系统和系统中的信息安全而采取的技术和管理要求，用于规范和保障智慧城市信息安全体系的建设。

物理安全标准是指保障网络与信息系统的支持性基础设施及物理环境的安全标准。物理安全标准为物理安全提出技术要求和管理要求，用于规范和支持物理设备信息安全。物理安全技术标准包括加扰处理、电磁屏蔽等方面的技术标准，以及用于信息安全设备选型的技术标准。物理安全管理标准包括：访问含有重要信息的关键设施的要求；访问备份系统的要求；重要信息机房的环境安全的管理要求；保护信息存储设备方面的要求。

运行安全标准是指对网络与信息系统的运行过程和运行状态保护方面的标准，用于保障网络和信息系统的安全运行。安全技术标准包括漏洞扫描、安全协议、防火墙、物理隔离、访问控制、防恶意代码技术、安全审计技术、审计与追踪技术、动态隔离技术以及网络攻击技术等方面的标准。安全管理标准包括网络安全管理标准、授权管理、密钥管理、账号管理、访问记录和追踪、防御网络病毒和恶意代码、检测非法入侵、主机防护和加固方面的标准。

数据安全标准指保护数据的收集、处理、存储、检索、传输、交换、显示、扩散等过程的安全标准，保证信息在传输过程中依据授权使用，不被非法冒充、窃取、篡改、抵赖。安全技术标准包括对称与非对称密码技术及其硬化技术、VPN技术、身份认证与鉴别、PKI技术、完整性验证技术、数字签名技术、秘密共享技术等方面的标准。安全管理标准包括数字证书管理。

内容安全标准用于对信息在网络内流动中的选择性阻断，以保证信息流动的可控能力。内容安全技术标准包括文本识别、图像识别、流媒体识别、群发邮件识别等方面的内容识别技术标准，以及面向内容的过滤技术（CVP）、面向URL的过滤技术（UFP）、面向DNS的过滤技术等方面的技术标准。安全管理标准包括隐私保护、垃圾内容处理、有害信息过滤管理等方面。

基础通用标准是指跨越物理安全、运行安全、数据安全及内容安全四方面各层的基础性、通用性的安全标准，包括安全评估、灾难备份、应急预案、安全域、信息事件分级等方面的标准。

2）浙江省标准化建设进展现状

浙江省智慧城市标准化建设开展的工作主要包括：发布了一个规划，完善了两个机制，开展了三个层面的研究，加强了国家和地方标准建设。

A. 发布五年行动计划

按照智慧城市"双顶层设计"要求，并结合浙江省现阶段客观需求和规范要求，浙江省质监局组织梳理了1204个现行相关国家标准、行业标准和地方标准，建立了由基础、支撑技术、建设管理、信息安全、应用分体系构成的浙江省智慧城市标准总体系，并向20个试点单位发布了《浙江省智慧城市标准化建设指南》。在此基础上，省质监局牵头组织工信部电子第四研究院、省标准化研究院、省智慧城市促进会以及各试点项目标准组联合编制浙江省智慧城市标准化建设五年行动计划。

2015年4月，《浙江省智慧城市标准化建设五年行动计划（2015—2019年）》由浙江省质量技术监督局与浙江省信息化工作领导小组办公室、浙江省经济和信息化委员会联合正式发布。明确了2015—2019年浙江省智慧城市标准化建设的基本原则与建设目标，以及围绕智慧城市的重点、急需领域推进的 16 项标准化重大推进工程以及标准的制修订指导目录。

该行动计划的发布将有利于切实推进智慧城市建设科学发展，充分发挥标准化在智慧城市建设过程中的"统一规范"、"规范融合"、"规范保障"和"强制实施与推荐示范"等作用，促成浙江智慧城市建设又好又快发展。

B. 完善两个协调机制

国家标准委大力支持浙江省智慧城市标准化工作，着重在战略研究、联合开展试点、建立部省会商制度等方面开展深度合作。浙江省主要通过行政和技术两个角度对标准建设进行协调。行政协调是在浙江省信息化办领导下，由各相关省级单位负责标准工作的处室领导组成协调组，浙江省质监局和浙江省经信委分管领导任组长，指导协调开展智慧城市建设标准化工作。技术协调是在浙江省智慧城市建设专家委员会的指导下，成立省智慧城市标准化技术委员会（联合秘书处设在浙江省标准化院、浙江省物联网协会），负责浙江省智慧城市建设领域内的标准化技术归口工作，开展相关标准的研究、制定、推广、应用等工作。

浙江省智慧城市标准化技术委员会系全国首个省级智慧城市标准化技术委员会，于 2013 年 5 月 3 日在杭州正式成立，主要负责全省智慧城市建设领域内的标准化技术归口工作，承担全省智慧城市建设和物联网产业等领域相关的标准化技术工作，致力于浙江省智慧城市建设的各类标准体系、物联网技术构架和标准体系的研究、制定、推广、应用等工作。

浙江省智慧城市标技委紧紧围绕推进省智慧城市建设的促进者、推动者、引领者的角色定位与目标要求，加强国家标准、行业、地方标准的宣传、贯彻和实施，深入开展智慧城市建设标准化项目的试点示范工作，提高智慧城市标准制修订效率，积极参与和推动一批智慧城市国家、行业、地方标准的制定工作，着力提升智慧城市建设标准化水平，逐步完善具有浙江省特色的智慧城市建设标准体系，建立适应浙江省经济社会发展需要的智慧城市建设标准化工作体制。

C. 开展三个层面研究

国家层面，积极参与国家智慧城市标准化总体组工作，开展智慧城市标准化基础研究与顶层设计，并立项实施《智慧城市标准协议验证与服务测评能力建设》，研究编制《智慧城市标准云服务平台建设方案》。

系统层面，"面向城市智慧安居共性技术标准研制与示范""智慧高速公路关键标准及应用规范研究与示范""智慧物流配送检测技术及服务评测研究" 3个课题获国家质检总局科技项目立项。

浙江层面，完成省重大科技专项重点社会发展项目"配合智慧城市建设某一应用系统的'一揽子'解决问题方案的新的标准化建设研究"，开展"智慧城市基础数据标准体系研究""支撑智慧物流信息标准关键技术及应用""浙江省智慧城市建设基础评价指标体系研究"等浙江省科技厅重点项目。

D. 加强国家地方标准建设

国家标准方面，浙江省牵头制定国家标准《智慧城市评价模型及基础评价指标体系第4部分：信息资源》，并参与制定其他部分；同时还获得了智慧安居4项国家标准立项和智慧高速相关标准立项。

地方标准方面，智慧城市地方标准现已有18项，当前新立项"地理空间信息资源目录分类与代码""地理空间数据交换基本规定""能源系统技术通则""能源系统数据采集规范"等7项基础通用地方标准。

3）浙江省标准化建设工作重点

智慧城市建设的标准化必须与智慧城市建设的实际相结合，尤其要根据各个城市不同的发展模式与优势领域细分智慧城市建设的具体内容，有针对性地开展标准化工作。

分析浙江省社会经济发展的实际情况，本研究认为智慧城市标准化建设下一步需要重点开展的内容包括以下几方面。

A. 建立并完善智慧城市标准体系

根据浙江省现阶段智慧城市的客观需求和规范要求，在梳理现行相关国家标准和行业标准的基础上，建立健全浙江省智慧城市标准总体系。总体系由基础标准、支撑技术标准、建设管理标准、信息安全标准、应用标准等一系列分体系构成，这些标准既包含各行业通用的基础标准，也包含不同行业应用的业务标准。其中，应用分体系包括智慧安监、智慧城管、智慧物流、智慧健康、智慧电网、智慧交通、智慧安居、智慧水务、智慧政务、智慧高速、智慧能源监测、智慧港航、电动汽车动力服务网络系统等标准子体系。各分领域主管部门建立健全相关标准子体系。智慧城市标准体系实施动态管理，结合浙江省经济社会发展形势和现实需求，予以调整完善。

B. 突出浙江特色，推进重要标准研制

"智慧"是在信息化和城市发展程度的基础上构建的。每个城市的发展水平和信息化程度不一样。因此，构建智慧城市不能照搬照抄，而必须根据浙江省现状和地方实际情况来进行，合理采用国际标准、国家标准、行业标准和地方标准；在无标可用的情况下，应根据自身需要制定相应标准。

标准研制应该以浙江省智慧城市标准体系总体框架为依托，结合标准适用范围的大小和针对性的强弱进行差别化的设计排布。除了已经着力较多的信息安全、基础设施、信息技术等领域标准外，重点研究试点项目新标准需求，从过程管理、数据共享、规划计划等当前急需和重要的标准着手，进行系统性推进，制定一批浙江省智慧城市领域急需的标准。

C. 协调各行业部门，打通信息壁垒

智慧城市标准化建设可进一步细分为很多领域，例如，可以分为智慧医疗、智慧水务、智慧交通、智慧政务、智慧教育等。由于分类角度和用途不同，会出现一些交叉的情况。首先，领域之间可能会有交叉的情况，例如智慧交通和智慧高速之间有明显的交叉，再如智慧社区与智慧安居也有一定的交叉；其次，有的领域可能涉及多个行业部门，例如智慧交通领域，同时需要交通部门、公安部门和其他一些业务部门一起配合建设。这就要求在构建智慧城市的过程中，充分协调好不同行业部门，确定各行业部门的功能和职责，打通相互之间的信息壁垒。

D. 加强和重视标准协议验证与服务测评能力建设

按照智慧城市建设是充分利用信息化相关技术，通过监测、分析、整合以及智慧响应的方式，综合各职能部门，整合优化现有资源，提供更好的服务的基本特征。充分发挥标准化技术、检测技术、评估评测技术的优势，建设智慧城市标准符合性测试、标准协议互操作兼容性测试、服务能力评估评测等综合检测试验平台，以实现保障城市可持续发展，为企业及大众建立优良的工作、生活和休闲的环境。

E. 加快标准化进程，争取话语权

浙江省智慧城市发展速度很快，政府支持力度很大，这为浙江省智慧城市标准化在国内争取话语权提供了很有利的基础和条件。应主动获取国家智慧城市标准化相关信息，积极参与国家层面标准化活动；参与国家、行业标准的编写，成为国家级智慧城市标准化项目组的核心成员，保证国家标准符合浙江省的现状和利益，及时把国家标准应用到浙江省智慧城市的建设当中。

F. 建立健全科技人才培养机制

建立智慧城市专业人才培养机构，形成人才培养体系。加强培养各层次的科技人才，采取有效的激励政策和措施，不断增强其成就感和责任感。造就一批在智慧城市标准化领域中有成就的中青年科技人才。特别有针对性地、有重点地培养一批在国内有一定影响和知名度的高级专家、一批学术带头人，一批技术骨干。在此基础上，进一步完善专家咨询机制，建立专家咨询库。

第2章 智慧城市标准化理论研究

智慧城市是一个高度抽象和浓缩的概念，是多系统复杂交互作用下所呈现出的终极城市形态。只有搞明白智慧城市究竟对城市和居民意味着什么、能够满足城市发展及公众生活哪些方面的需求，才能将这种抽象的概念分解和投射为一系列具体的特征或功能，然后再以这些特征或功能为目标，细化出如何组织资源来实现这些目标。也就是说，先要解决"是什么"的问题，其次是"做什么"的问题，再次是"怎么做"，接着是"需要什么资源来做"，然后是选取适当的组织解决"谁来做"的问题，并在项目成果逐步实现后对照目标进行检验验证，其间还需要贯穿始终的监控现状和评估进展的工作。

从建设理论研究的角度分析，智慧城市标准化建设应着重以下几个方面。

①抓好标准体系建设。针对智慧城市建设中暴露的"缺乏顶层设计和统筹规划"等问题，在国家和地方抓紧组织制定"十三五"规划和有关专项规划的重要节点上，将与智慧城市建设紧密相关的标准化工作作为规划的必要组成部分。

②推进重点标准研制。在智慧城市标准体系的总体框架下，对于智慧城市的标准化工作，要从多个角度去考虑和分析。除已着力较多的信息安全、基础设施、信息通信技术等领域外，更应从规划计划、过程管理、数据共享等当前急需和重要的标准着手，进行系统性推进。

③重视和加强标准试验验证。通过标准的试验验证，为标准的大范围实施应用积累经验、探索路径，更有助于验证其在不同类型城市的广泛适用性。

2.1 智慧城市管理模式研究

2.1.1 事前管理——顶层设计

（1）深化全局规划布局

在智慧城市的建设过程中，要从全局的视角出发，把握国家层面发布的智慧城市建设的中长期发展规划，制定具体的适合地方特色的实施方案，明确实现路径，找准城市建设突破口，以具有战略性的基础设施、主导产业等作为建设的切入点，切实加强智慧城市发展平台的建设力度，既提升城市公共服务的综合水平，又推进发展方式转变，实现城市的可持续发展。

地方政府要统筹智慧城市建设总体方向、跨部门协调、重大事项决策等工作。确定责任部门，具体负责城市智慧化建设日常协调推进工作。重大工程有关责任单位相应成立工作推进小组，保障重大工程落实。各区市县和先导区应建立相应的推进机制，按照全局部署，负责本区域城市智慧化建设工作。形成"决策高效、协调灵活、落实到位、督查及时"的工作机制，建立高水平的监管制度，对城市智慧化推进工作中的重大问题进行研究和建议，牵头开展面向市、区及重点工程的智慧化建设总体设计。建立以总体设计引领智慧化建设的统筹机制，加快信息化技术及信息标准创新和制度、法规创新。

（2）完善制度体系建设

智慧城市建设既有复杂性，又具动态性，受到政治因素、体制因素、技术因素等方面的影响。为了能够保障智慧城市建设项目的顺利开展，地方政府积极推进相关政策体系的建设，建立健全城市智慧化资金、人才等相关鼓励政策，形成具体、实用的政策支持体系；加快研究制定地方信息化相关条例，强化信息资源共享与开发利用、信息产业发展、信息技术应用与服务、信息安全等方面的法律法规保障；加快信息化技术标准创新、制度创新工作，提高城市智慧化建设的标准规范和管理制度的保障能力；结合城市智慧化应用需求和探索实践，着力引进培育相关领域政策法规、标准规范研究机构，优化政策法规、标准规范保障效果。

2.1.2 事中管理——协同推进

(1) 强化领导协调推进机制

当地省政府要同国家信息化主管部门、国家标准化主管部门和国家有关业务主管部门共同形成指导推进智慧城市建设的联系机制。在省级层面，要加强与工信部等有关业务主管部门的联系沟通，积极争取国家层面智慧化试点示范项目的资金扶持，推进城市智慧化重大项目发展；在市级层面，要争取相关部门的工作指导和政策资源，积极争取智慧城市试点项目列为省级示范试点项目。

(2) 加强建设人才保障机制

加强城市智慧化发展人才队伍建设，依托地方政府本地高等院校和培训机构，创新人才培养模式；加强领军人才、核心技术研发人才、复合型人才等高端人才的培养、培训与引进；依托智慧产业集聚区，大力推进城市智慧化人才基地建设；大力建设一批以信息产业重点企业为主的院士工作站和博士后科研工作站；为高层次人才在户籍迁移、配偶就业、子女入托转学等方面提供优质服务。

通过举办各种智慧城市建设相关的专题研讨培训班、联盟、论坛等，提高相关人员对智慧城市建设工作的认识。通过定期组织联谊会等活动，充分发挥行业协会中介力量，为智慧城市建设科技引领和行业应用营造氛围。

(3) 抓好示范试点项目工程建设

智慧城市建设目前还无成功模式、无成功探索，各地都处于摸着石头过河的探索阶段。应从当前国情、省情、市情出发，立足当前，着眼未来，结合国内外各领域、各地区与智慧城市相关的实施成果，在重点领域、重点行业率先开展，科学务实地推进，以点带面地逐步推动提升智慧化应用的整体水平。当前，重点要优先选择与人民群众息息相关的领域进行试点，比如交通、医疗、健康、环保、安居、水务等领域。在试点单位的选择上可以优先在设区的市开展，比如设立一个重点区、重点镇、重点社区或者重点楼宇，并且在这个试点上必须做到大型软件全覆盖、系统运营可展示、应用服务有成效。选择示范试点的过程中要遵循"成熟一个、启动一个"的原则，开展试点项目的主体必须具有强有力的组织领导、整体推进的规划、完善的城市基础设施和协同推进机制，通过示范试点的探索，总结、提炼、创新出具有当地特色的智慧城市建设模式。

（4）完善政策加大社会力量参与

一方面，要全面调动企业和科研机构参与的积极性。企业、科研机构等是建设智慧城市的重要力量。企业既是智慧城市建设的主要投资者，又是智慧城市建设实施的重要执行者；科研机构等可以依据自身的优势为智慧城市建设提供智力支持。积极采用建设—运营—转移（BOT）等投资建设模式，鼓励社会资本参与投资建设与运营，并获得合理回报。同时，建立多元化的风险投资体系和高效的风险投资运行机制，与风险资金进行无缝连接。对于不涉及国家安全和保密要求的政府项目，鼓励引入第三方专业运维公司。

另一方面，要争取更多的市民参与。市民是城市的主人，是智慧城市建设的重要参与方；全体市民的综合素质、思想意识是影响和决定智慧城市建设的重要因素。加强信息技术教育、培训及应用推广，提高全民信息技术应用技能和获取信息服务的能力，专门为老人、农民工等弱势群体了解信息技术与产品提供宣传培训，同时，制订覆盖网络空间、报纸专版等多种渠道的城市智慧化建设宣传及培训计划。

（5）重视并全方位提升信息安全保障

建立健全信息安全保障机制，构建支撑城市智慧化建设与运营全过程的信息安全保障体系。确保基础信息网络和政府、能源、交通、金融等领域的重要信息系统的安全，加强重要领域工业控制系统及物联网应用的安全防护和管理，加大无线电安全管理和无线电频率保障力度。加强政府和涉密信息系统安全管理，落实涉密信息系统分级保护制度，强化涉密信息系统审查机制。建立健全密码技术体系、网络信任体系和安全管理体系。加强地理空间、人口、法人和宏观经济等基础信息资源的保护和管理，加强个人信息保护。建立服务全市的信息安全公共服务平台，为政府部门和企事业单位门户网站、网络出口及重要信息系统提供智能监控、分析预警、追溯和防御等服务，提高信息安全防护能力。建立健全网络和信息安全应急管理机制，提升信息安全事件的应急处理能力。加强网络与信息安全专业骨干队伍和应急技术支撑队伍建设。加强信息安全培训,提高全民安全意识。

2.1.3 事后管理——社会化评价

建立城市智慧化建设测评指标体系和评估考核机制,构建科学有效的综合绩效评估体系,开展年度建设工程和发展水平评估,发展第三方机构独立评估机制,定期发布城市智慧化发展报告,向社会宣传城市智慧化建设成果。加大工作考核力度,将城市智慧化建设纳入地方政府部门的考核内容,检查和督导城市智慧化建设规划、方案和年度计划的落实情况,确保有关部门的工作责任落实到位。

(1)构建评价指标体系

在智慧城市建设的实施中,建立科学规范的评价指标体系,有助于城市政府和市民更加全面地理解智慧城市的发展状况,有助于城市政府和市民更真实地了解智慧城市为城市可持续发展带来的贡献,有助于城市政府制订相关计划,有助于城市政府和市民更多元地参与和共享城市的发展。

(2)设置评价方法

智慧城市建设的涉及面十分广泛,并且实施过程是动态的,因此设置评价方法时应当从多角度、多方面考虑,评价标准不能"一刀切",必须用发展的眼光开展评价工作,依据各地的实际情况制定科学规范的评估方法,并不断完善和提升评价方法。

(3)反馈评价结果机制

评价指标体系的完整落实还需要对评价结果进行反馈,让相关部门及时总结经验和教训。建立一套激励、约束和淘汰的机制,指导智慧城市建设,优化规划、设计和建设,从而使智慧城市建设的能力得到不断完善和反复提升。

2.2 智慧城市标准体系研究

标准体系是智慧城市多系统协作、海量信息汇聚融合和共享、多执行机构协同的基础。缺乏标准、多头建设,很容易造成数据多口采集、相互隔离、缺乏同步、效率低下的局面；难以实现不同系统之间的自动化协作体系，很容易造成业务流程执行效率低下、服务质量无法保证的局面。因此，设计符合浙江特色的智慧城市标准体系工作迫在眉睫。

2.2.1 智慧城市标准化建设路径

当前，移动互联网、物联网、云计算、大数据等新兴技术与城市建设及管理的结合日益紧密深入，城市信息化建设目标升级，智慧城市标准化建设迅速展开。如何建设智慧城市标准化？路径决定成效。明确智慧城市标准化建设路径，需要树立正确理念、发展先进技术和制定合理的标准策略。

（1）智慧城市标准化建设要有正确的理念

1）重视以前瞻思考为指引的顶层推动

智慧城市建设是一个系统工程。缺乏顶层设计和统筹规划的智慧城市，不仅容易造成信息化的重复建设投资，还可能形成各自为政的"信息孤岛"，不利于城市公共信息平台的搭建。所以，政府需要立意高远，在充分激活各方积极性的同时，进一步积累经验，从而防患于未然，绸缪于未雨。智慧城市标准化建设规划应立足于顶层设计的高度，规划建设途径、创新方向及发展战略，确定清晰明朗的任务书、路线图和进度表，有效指导建设。

2）充分认识智慧城市标准化建设的紧迫性

虽然智慧城市近两年来受到浙江省人民政府的高度重视，相关参与者和投资者也都积极备战即将到来的市场爆发，但是标准化缺失仍有可能在浙江省智慧城市建设中成为制约其发展的因素之一。我国的智慧城市标准化建设程度还较低，目前为止，国家针对智慧城市建设仅出台了由中国通信标准化协会发布的《YDB 134 - 2013智慧城市总体框架和技术要求》和《YDB 145 - 2014智慧城市信息交互技术要求》两项标准。而我国第一个能指导与评价智慧城市，能为各地进行智慧城市建设程度、水平和效益评估提供统一依据的国家标准《智慧城市评价模型及基础评价指标体系》还未正式发布。

由此可见，我国智慧城市标准化程度还很落后，未来在标准化建设过程中还有很长的路要走。在这种情况下，我们不妨借鉴美国、欧洲等在智慧城市建设方面具有较长历史、较多经验以及较多成功案例的地区；也可以借鉴国内如云计算、物联网、智能建筑等相对于智慧城市而言标准化程度较高、较完善的相关产业的标准化建设经验。

3）强化关键性前沿标准的介入理念

智慧城市建设属于城市发展的前沿事物，各类新技术、新理念的出现均对其有直接影响，要密切跟踪国际智慧应用产业的发展趋势，发挥标准化研究机构、协会组织以及相关企业的主动性与能动性，积极介入关键性前沿标准的预研和修订计划，抢占标准化高地，从而有力推动智慧城市建设工作，提升建设水平。

4）将保障和改善民生作为建设的出发点和落脚点

智慧城市建设包括许多方面的内容，涉及信息化、数据安全、共享服务平台、智慧政务、智慧商务、智慧社区、智慧高速等领域，所有这些都必须以满足人们生产生活的需要为前提。

(2) 智慧城市标准化建设要有先进技术

建设智慧城市，离不开先进技术的应用与支撑。下列几项技术非常关键。

①物联网技术。物联网技术是通过射频识别、红外感应器、全球定位系统、激光扫描器等信息传感设备，按约定的协议，将任何物品与互联网相连接，进行信息交换和通信，以实现智能化识别、定位、追踪、监控和管理的一种网络技术。它是智慧城市信息技术设施建设的重要技术支撑。

②数据仓库技术。数据仓库是面向主题的、集成的、稳定的数据集合。应用数据仓库技术所构建的智慧城市数据基础设施，不仅可以保证不同部门、不同行业之间数据的共享与服务，而且有助于开展数据挖掘与知识发现的数据分析处理。

③云计算技术。云计算是基于互联网的相关服务的增加、使用和交付模式，通常涉及通过互联网来提供动态易扩展且经常是虚拟化的资源，可为智慧城市的资源共享与服务提供支撑。

④空间信息技术。空间信息技术主要包括卫星定位系统、地理信息系统和遥感等理论与技术，同时结合计算机技术和通信技术，进行空间数据的采集、量测、分析、存储、管理、显示、传播和应用等。这些技术的集成应用既是智慧城市资源共享与服务系统的重要组成部分，又是众多智慧应用系统

的核心技术支撑。

⑤大数据技术。随着移动互联网及移动智能终端的普及，我们进入了一个大数据时代。大数据不仅数据量巨大，以至于无法用常规的数据处理方法进行处理应用，更重要的是具有多样性、动态性、变化性以及价值高等特点，必将在智慧城市建设中得到更广泛的应用，支撑更深入的智能化分析。

（3）智慧城市标准化建设要有合理的标准策略

1）充分利用国家、行业重点标准

在智慧城市建设中，要紧密结合实际需求，充分调研、全面掌握现状，积极选择采纳适宜的已有国家标准、行业标准和地方标准。具体采纳应用某个具体标准时，应优先选择能提高互操作性水平的标准、以开放系统技术为基础的标准、可实施的标准或在市场上有技术和产品支持的标准。可结合智慧城市建设不同阶段和不同应用场景，在相关标准化机构的指导和协助下，梳理明确所需遵循的标准及新制定的标准。

标准选用思路可分为以下几点。

①重点选择确保集约化建设、提高信息化建设效率的标准。智慧城市建设要针对各自的实际情况，根据自身经济和社会管理的重点，在选择规划、设计、建设、运行标准时重点考虑确保信息化集约化建设，提高信息系统的投入产出效率。

②保证信息系统互操作性的标准。在智慧城市建设中信息技术和系统向着网络化的方向发展和应用，互操作性成为信息系统最重要的特性。应选择保证信息互连、互通、互操作性的网络建设和信息资源管理标准。

③选择成熟和稳定的标准。选择标准既要注意它的先进性，要了解和掌握它的发展和趋向，更要重视它在技术上的成熟性和稳定性，并且在市场上得到有力支持，即可以买到符合所选标准的成熟产品。

④保持标准的协调性。信息系统的集成和网络化应用，往往需要多项标准的集合共同发挥作用，这些标准的集合，有的称为标准体系，有的简称标准化轮廓，所选用标准之间应保持协调一致。

标准选用顺序可分为以下几点。

①优先选用国内标准，然后考虑国外标准。若国内有现行有效且满足信

息化建设需求的标准，应当优先选用。若国内没有所需的标准，则可考虑选用国外适用标准。

②优先选用国家标准，然后考虑行业和其他标准。我国的国家标准是国内级别最高的标准，它具有最高的权威性和广泛的适用性，应优先选用。只有在没有合适的国家标准可选用时，才可考虑行业或其他标准。

③优先选用国际标准，然后考虑国外其他先进标准。国际标准是国外级别最高的标准，它们是国际标准化组织（ISO）、国际电工委员会（IEC）、国际电信联盟（ITU）标准。在没有国内和国际标准可选用的情况下，才可考虑其他国外的适用标准，包括国家、地区、团体的实用标准，或事实上的标准。但必须注意，选用的这些标准不得与我国的方针、政策、法规相抵触。

④优先选用有技术与产品支持的标准。在市场中得到支持的标准，若有多销售商销售的主流产品支撑，在实施过程中可以得到有效的技术支持，该类标准应当优先选用。

⑤优先选用公众可获得、持有、使用的标准。不要求知识产权专利权就可实施的标准，一般优先选用。

2）完善已有技术标准，实施局部突破

近年来，我国从基础建设、产业经济、城市管理、社会民生、资源环境等方面开展了多项智慧城市建设相关工作。深入推进信息资源的开发利用和整合共享，构建智慧安监、智慧物流、智慧健康、智慧电网、智慧社区等体系。涉及这些工作的标准化都需要技术条件的支持，受技术参数的约束，并接受技术环境的检验，否则是无法控制的。因此，我们要用技术的标准化来支持智慧城市管理的标准化，比如已经在相关领域具有雄厚技术基础的物联网技术系统、智能交通技术系统、城市节能减排技术系统等。同时，还可以用个性化的智慧城市服务需求来促进技术标准的修改和升级。

目前智慧城市标准化的工作重点应该放在一体化智慧城市管理的思维创新方面，即先实施局部突破，再谋求整体发展。应该在充分调研、普遍承认各地市县城市服务个性化的前提下，下力气去研究不同城市、不同行业领域建设的不同侧重点，从而制定出在不同环境和资源配置条件下的个性化的城市管理解决方案。特别要花大力气先研究开发"大同标准"的智慧城市标准云服务平台，然后再进行"精确个性"的配置，通过分享进程信息、意外事件报警、同步协作响应等办法来消除或弥补由于不能实施整体标准化管理所带来的城市服务效率低下的缺憾。

2.2.2 智慧城市标准化建设路线

借鉴英国、德国等国外标准化组织的智慧城市标准发展路线图，本研究提出我国智慧城市标准发展研究的工作路线如图2.1所示。

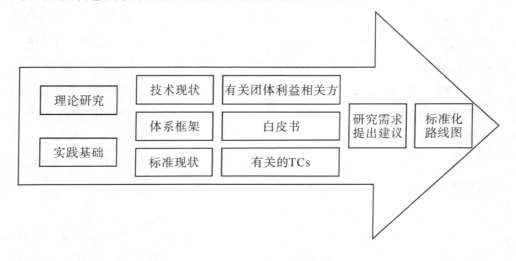

图2.1 智慧城市标准路线图

①在已有的理论研究与实践基础上，系统分析智慧城市涉及方面的现状。从对智慧城市发展研究和实践的基础入手，分析智慧城市建设发展中的技术现状和标准现状，初步研究提出智慧城市建设发展的技术体系框架与标准体系框架。

②组织调动智慧城市建设的相关利益方，共同推动白皮书研制。基于前期研究成果，明确智慧城市建设实践中涉及的有关团体组织/联盟以及利益相关方（用户及企业），协调已明确开展智慧城市标准化工作的技术委员会，组织有关团体/联盟、利益相关方及标准化机构共同开展白皮书的研究。

③结合白皮书的研制，提出智慧城市标准化需求与建议。结合白皮书的研究与发布，从国家层面综合分析和提出智慧城市建设发展的具体标准化需

求与工作建议。

④形成包括标准体系框架、重点标准研制计划等内容的标准化路线图。在国家标准化管理部门的领导下，协调有关各方形成公开、公平、公正的标准化工作环境，共同研究形成包括智慧城市标准体系框架、重点标准研制计划等核心内容在内的我国智慧城市标准化路线图，科学指导和切实规范智慧城市建设中的技术路线选择和系统实际建设。

2.2.3　智慧城市标准体系框架构建

（1）标准体系框架结构设计

标准体系结构表中的层次性应反映出标准适用的范围。范围大的标准处于层次的上端，范围小的标准处于较低层次，而具体的个性标准处于最低层次。

从浙江省情况看，智慧城市标准体系表最适合划分为以下三个层次：①第一层次由智慧城市标准体系中通用标准及各种相关的国家法规和国际有关行业的方针与目标构成，重点体现以智慧城市大系统中配合性、统一性的综合类标准为主线；②第二层次是智慧城市标准架构的核心，包含支撑系统构建的主要技术标准、建设管理标准、信息安全标准、应用标准这四类；③第三层次是由支撑技术标准大类对应的相关属性标准组成的子专业通用基础标准构成，其相关标准涉及数据融合和服务融合两个类别。这三个层次标准相关互联和约束，共为整体，全面支撑浙江省智慧城市标准体系建设。

根据上述原则和内容，结合现有智慧城市建设的实际情况，并充分体现和突出智慧城市的特点，确定智慧城市标准体系结构（见图2.2）。

（2）标准体系框架分类说明

智慧城市标准体系由五个类别的标准组成，分别为智慧城市基础标准、智慧城市支撑技术标准、智慧城市建设管理标准、智慧城市信息安全标准、智慧城市应用标准。

①智慧城市基础标准是指智慧城市的总体性、框架性、基础性标准和规范，包括智慧城市术语、智慧城市基础参考模型、智慧城市评价模型和基础评价指标体系三个子类标准。其他四类智慧城市标准规范应遵循智慧城市基础标准。

②智慧城市支撑技术标准是智慧城市建设中所需的关键技术、共性平台

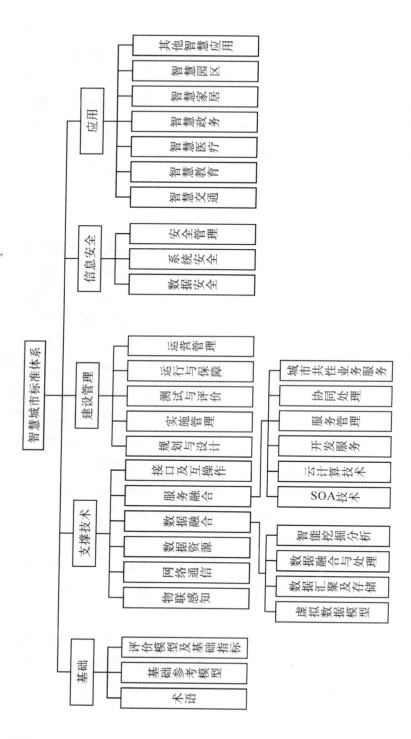

图2.2 智慧城市标准体系结构图

及软件的标准规范的总称，包括物联感知、网络通信、数据资源、数据融合、服务融合、接口及互操作六个子类标准。其中，数据融合类标准包括智慧城市项目建设中结构化与非结构化的虚拟数据模型、数据汇聚及存储、数据融合与处理、智能挖掘分析四个方面的标准，以支撑实现智慧城市的信息汇聚、共享、交换和有效利用。服务融合类标准包括SOA技术、云计算技术、服务开发、服务管理、协同处理、城市共性业务服务六个方面的标准，以支撑解决智慧城市建设所需的大量跨部门、跨系统的资源整合和业务协同。

③智慧城市建设管理标准是指支撑和确保智慧城市项目建设和运营过程中的监理验收、评估方法以及相关运行保障的标准和规范，包括智慧城市建设中的城市基础设施以及信息化相关的规划与设计、实施管理、测试与评价、运行与保障、运营管理五个子类标准。

④智慧城市信息安全标准是指智慧城市项目建设中的信息数据安全、关键系统安全及管理等方面的标准及规范，包括数据安全、系统安全、安全管理三个子类标准。

⑤智慧城市应用标准是指智慧城市典型行业或领域的技术参考模型、标准应用指南等标准及规范，针对应用服务的对象分为市民应用、企业应用、城市管理应用三个子类标准，涉及智慧政务、智慧交通、智慧教育、智慧医疗、智慧社区、智慧园区、智慧物流等行业或领域的技术参考模型、标准应用指南等。此类标准宜基于前四类智慧城市通用标准，结合行业或领域的特性进行扩展细化。例如，智慧教育的标准可以包括智慧教育环境标准、智慧教育资源标准、智慧教育管理标准、智慧教育服务标准等。

第3章　智慧高速标准化理论实践

3.1　智慧高速建设现状

3.1.1　国外智慧高速建设情况

智慧高速公路是当前国际交通运输研究领域的热点和前沿。美国、日本、欧洲等都有各自的发展规划，对交通信息进行采集与融合处理，对高速公路、普通干线公路和城市道路交通进行实时监测、预测，对不同交通运行状况下的运营、管理、控制和调度进行决策，初步形成了以国家计划为导向，以地方政府为主导，集产、学、研、保障措施等于一体的智慧交通核心技术研究和系统开发与应用体系，并取得了较大的成果，能为浙江省智慧高速所借鉴。

（1）美国智慧高速建设概况

根据美国国家ITS体系，美国智能运输系统的研究内容包括7个基本系统（大系统）、4个用户服务功能（子系统）以及60个市场包，它们共同构成了未来美国ITS的研究领域。

美国道路智能交通核心技术的研究与应用起始于20世纪90年代中期，采用智能交通与道路交通基础设施系统协同建设模式。为了推动智能交通系统的研发与应用普及，1999年，美国针对14类智能交通数据潜在用户，在全国范围内开展了智能交通数据融合处理方法与智能决策工具等关键技术的研究，其中比较著名的区域路网智能交通系统主要有加利福尼亚州的高速公路性能评价系统、弗吉尼亚州的交通归档数据管理系统和马里兰州的区域综合交通运输信息系统等。美国在旧金山地区以速度数据表示的实时交通状况监测图如图3.1所示。

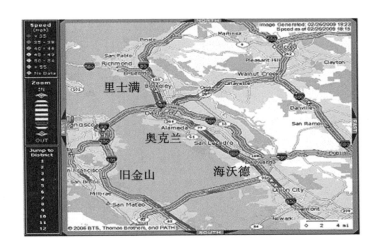

图3.1　旧金山实时交通状况监测

（2）日本智慧高速建设概况

日本新交通系统是日本实现智能交通的关键之一，在《日本ITS框架体系》的指导下，该系统设计由一个具有高性能的核心性综合交通控制中心和10个子系统组成，包括公交优先系统、交通信息提供系统、综合智能图像系统、安全驾车辅助系统、行人信息通信系统、紧急车辆优先系统、紧急状态通报系统、环境保护系统、动态诱导系统、车辆行驶管理系统。

日本的智能系统建设起步较早，采取统筹体系规划并作为举国战略，按周期性计划大规模整体推进。早在1969年，日本即在一些城市开始建设交通管理系统，并用可变情报板和广播向行驶在路上的各种车辆提供拥堵信息。1991年，日本开发了基于GPS车辆定位，可自动引导车辆到达目的地的车载导航仪。1995年，日本的通产省、运输省、邮政省、建设省和警察厅五部门联合制定了道路、交通和车辆的信息化实施方针，由此拉开了集动态交通信息采集、处理、发布等智能交通系统于一体的研究与开发的序幕。1996年，日本研制了车辆信息通信系统（VICS），该系统主要帮助日本各地警察和道路管理部门进行交通信息的实时采集，经整理和加工后，用两种方式传播给各种车辆，让行驶在高速公路上的车辆可以明确地知道前方的各种路况和交通状态，提前引导车辆选择出行路径。1994年1月，日本成立了由当时的警察厅、通商产业省、运输省、邮政省、建设省五个部门支持的"道路·交通·车辆智能化推进协会"（VERTIS），旨在促进日本在ITS领域中的技术、产品的研究开发及推广应用，并明确了今后30年的工作目标：道路交通死亡事故减少40%，消除交通拥挤，减少汽车的燃料消耗及尾气排放。日本VICS系统的工作原理如图3.2所示。

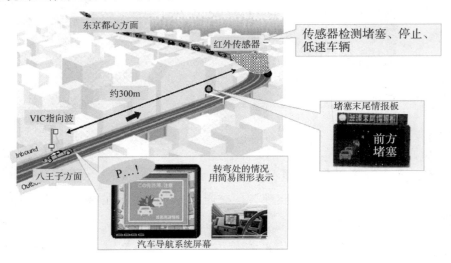

图3.2　日本VICS系统工作原理

（3）荷兰智慧高速建设概况

为了缓解交通堵塞和改善道路安全状况，荷兰恩智浦半导体和国际计算机业巨头共同研发智能交通管理系统，装载该系统的汽车将传递制动、加速和所在位置等数据，供中央管理中心分析，以识别和解决道路网络方向的问题。系统通过分析来自车辆的18亿个传感器信号，发现了六个月内发生的48000起事件，包括强雨、黑点、车辆报警灯开启及大雾等。在当前天气和道路条件下，可以通过车载导航系统或手机设备，为司机推荐车速或识别附近的道路援助车辆。在下一阶段的测试中，交通指挥中心可以为驾驶员提供更加个性化的路线及实用交通信息，以避免交通拥塞。

在2011年，欧盟约30000人死于交通事故。欧盟委员会推出了规模庞大的道路安全科研项目，希望借此将欧洲交通事故死亡人数在2020年前减少50%。

从国外智能交通的建设情况，本研究总结出值得我国智慧交通学习和借鉴的以下几点：

①做好顶层设计，主要包括完整的用户服务定义、模块化的逻辑和物理框架结构、规范化的接口标准定义、严谨的安全保障机制；

②制定符合地区建设需求的区域框架体系，分步骤有重点地建设智慧交通系统，并预留后续建设接口和扩展模块，确保各关联系统的整合和数据的交互共享；

③注重交通信息服务和归档数据的有效利用。

3.1.2　国内智慧高速建设情况

智慧高速公路是我国发展低碳经济、提高产业竞争力、合理规划城市发展以及解决民生交通问题的一个主要途径。各省市都在探索智慧高速公路的建设方法和应用发展。

(1) 北京智慧高速建设情况

北京市智能交通系统建设分北京市交通委员会和北京市公安局公安交通管理局两个部门开展。以 2008 年奥运会为契机，北京市大力发展智能交通系统建设，其智能交通实现了"点的突破→面的应用→产业支撑→跨区域服务"。

北京市智能交通建设的不足之处主要包括：没有城市级的统一体系，缺乏一体化整合的体制保障，未形成地区级合力；虽然北京市智能交通系统建设规模庞大（包括"十五"和"十一五"这十年建设基础），但由于历史原因，智能交通系统建设各自为政，数据共享、融合分析与处理水平较低。

(2) 上海智慧高速建设情况

上海市智能交通系统建设由上海市交通委员会负责。上海市交通委员会建立了统一的数据中心，通过统一的数据交互标准构建综合信息平台，实现数据交互共享，由各管理部门分别调度指挥。目前，上海市的交通信息环境已经初步建立：内环高架道路上每隔 400～500 米的车道和高架上下匝道均已铺设了感应线圈车辆检测器，交通诱导信息牌的数量逐渐增加；地面道路方面，在内环线内的路网并外延到主要干道上的 840 个路口，建设并完善了SCATS 自适应交通控制系统，其感应线圈车辆检测器能够提供实时的交通信息；上海有1万多辆出租车装备 GPS 定位系统，可以作为交通探测器，提供实时的动态交通信息。上海市虽然整合、接入了城市交通绝大部分数据，但是缺乏政府协同指挥平台和常态化智能交通信息服务。

（3）江苏智慧高速建设情况

江苏省由全省各个高速公路经营管理单位共同出资建立省高速公路联网营运中心，负责高速公路公共信息的收集与发布、"96777"高速客服管理、监控调度指挥、通行费审核结算等工作。采用高速交警、路政、业主联合驻点办公的方式，按照各自职责管理高速公路日常事务，形成有效的协调机制。

（4）台湾智慧高速建设情况

台湾省由交通咨询管理及协调指挥中心统一管理高速公路、快速路及国道的交通运行，在总体规划设计的基础上，建立了较完善的交通状况监测系统及路径诱导系统；注重高速公路对外信息服务窗口，使公众能够及时获取高速公路实时运行情况。除此之外，台湾省高速公路已建设完成覆盖全岛的ETC系统。

3.1.3 浙江省智慧高速建设现状

（1）浙江省智慧高速建设背景

截至2014年年底，浙江省高速公路通车里程已超过4000公里，形成了"两纵两横十八连三绕三通道"的四小时高速公路交通圈，日均车流量已远超百万车次，对社会经济的发展起到了至关重要的作用。然而发展总伴随着层出不穷的问题，高速公路协同管理和智慧服务方面的问题也逐渐显现：道路交通不堪重负，交通事故多发，遇到重特大交通事故时缺少省级统一指挥平台，恶劣天气下通行安全保障缺少科学预测和决策支持，危化品运输管控难，ETC没有形成规模，全省高速公路服务电话号码不统一，信息不共享，等等。建设"智慧高速"有助于解决这些问题。

建设智慧城市，是浙江省抓住新一代技术、制造产业、服务业和城市化发展的机遇，加快经济转型升级、促进发展方式转变、创新社会管理、加强公共服务、提升传输现代化水平的一项重大举措。2012年5月，浙江省人民政府发布的《关于务实推进智慧城市建设示范试点工作的指导意见》（浙政发

〔2012〕41 号）文件中，"智慧高速"成为首批启动的 13 个示范试点项目之一，同时也是首批启动的 13 个示范试点项目样板工程之一。2013 年 2 月 5 日，浙江省政府与 14 个部委、7 家央企在北京召开了智慧城市建设示范试点部省联席会议，并签署有关合作协议，共同推进浙江省智慧城市建设示范试点工作。

作为"智慧城市"试点工程之一，"智慧高速"广泛应用物联网、云计算等先进技术，高度集成管理运行体系、信息化应用体系和基础支撑体系，建立和完善智慧型的社会服务管理工作大格局，是保障安全、服务民生的惠民实事工程。

（2）浙江省智慧高速建设意义

"智慧高速"是智慧交通的重要组成部分，是智慧城市建设的单元模块，是与其他试点项目以及整个智慧城市建设具有融合性和互联互通的接口；"智慧高速"研究服务于建设，具备水平提升、功能加载、覆盖范围扩大的能力。

统筹研究高速公路运行服务的结构性、素质性、体制性问题，在打破信息孤岛和部门分割、克服低水平重复建设、形成共建共享机制、提高管理服务水平和效率等方面，智慧高速有利于解决"一揽子"问题：

①实现智慧技术高度集成、智慧产业高端发展、智慧服务高效便民、以人为本持续创新，推动智能交通向智慧交通的转变；

②浙江省率先进行智慧高速顶层设计的研究，有利于凝聚高速公路业主、交通、公安等各方资源，探索和创新有效的方法，积累经验，取得先发优势，从而以点带面、示范带动，使智慧高速的应用水平在智慧城市的大环境下得到整体提升；

③智慧高速通过车载系统、移动终端、社会媒体，向出行者提供道路实时路况、短期路况预测和路径选择，向出行者提供车辆运行和享受生活质量服务项目；

④智慧高速将整合资源、统一平台、共建共享、协同管理、智慧服务，在全国打响浙江"智慧高速"运行管理、出行服务的品牌，形成一整套"智慧高速"标准体系，推动"智慧高速"相关产业集聚发展。

（3）浙江省智慧高速建设情况

"智慧高速"是浙江省启动的智慧城市建设试点首批 13 个项目之一。目前，浙江省人民政府与国家相关部委形成了智慧城市建设试点 3＋X 的指导推进模式，通信网络、监控设施、信息技术等均有了一定的基础，国内外推进智慧城市建设的做法为浙江省提供了借鉴。

浙江省是国内智慧高速公路产业起步较早、产业基础扎实、技术研究实力较强的省份。2011 年 10 月 9 日，浙江省办公厅下发《智慧城市建设试点工作的通知》，要求把开展智慧城市试点作为今后一个时期培养发展战略性新兴产业的一项重要任务。2012 年 3 月 29 日，浙江省信息化工作领导小组办公室下发《2012 年智慧城市建设试点工作方案》，实施首批 13 个智慧城市试点项目。2012 年 3 月 12 日，浙江省信息化工作领导小组办公室发布《关于成立省高速公路智慧交通建设指导协调小组的通知》，成立以省政府副秘书长孟刚为组长，以省交通厅、省公安厅、省经信委、省交通集团相关负责人为副组长，以省安检局、省质监局、省消防总队、省交通局、省高速交警总队、浙江联通高速相关负责人为成员的指导协调小组，这标志着智慧高速建立了组织推进体系、组织机构和办事机构。2013 年 2 月 7 日，智慧高速指挥服务中心在杭甬高速公路彭埠建设完成并投入试运行，为省智慧城市各项目实施建设使用之首位。

浙江希望通过 3～5 年的努力，使智慧城市建设试点项目取得明显成效、示范效应突出，并向全省各城市推广应用，形成一批技术、业务与监管流程融合的国家标准、行业标准和地方标准，涌现一批创新能力突出、集聚发展的智慧产业基地。

已投入使用的浙江"智慧高速"一期工程及即将建成的二期工程的投入运行，极大地提高了高速公路应急响应速度和突发事故的处理效率。车流量每年增加 15%，但拥堵的时间同比下降了 21 个小时，事故率下降了 10% 以上，今后可通过微博、微信、网站等全天候发布或查询实时路况信息，包括高速路沿途收费站、服务区、景点等多项信息；"12122"电话呼叫系统也在项目建设中得到了升级完善，其中指挥中心集中受理咨询投诉，呼叫中心主要处理高速应急救援事故。

浙江"智慧高速"主要从高速公路智能终端设施或系统直接采集图像、交通流、交通环境、交通事件、交通运行管控和车辆收费六类动态数据；高速公路业主拥有的高速公路现状信息与"智慧高速"间接相关数据信息（此部分数据来自公安部门、交通部门、医疗机构等的信息系统）实时共享与交换；数据处理中心和运行服务体系平台利用云计算技术将实时数据和关联信息进行汇聚、处理和交互，为用户提供协同管理和智慧服务；高速交警部门、公路管理部门、高速公路业主及相关单位依托运行服务体系平台，统筹各方力量和资源，实现信息、资源、业务和管理决策的协同，提高管理效能；通过有线网与无线网相结合的方式，依托高速公路运行服务体系平台，面向各方提供出行服务、增值服务、辅助决策分析和基础信息管理等智慧服务。

"智慧高速"是一个开放的系统，与"智慧浙江"运行服务平台、长三角区域合作信息平台、省级相关部门业务平台、地市级相关业务平台可以实现信息的互联互通，并可通过省级相关部门业务平台与国家业务主管部门的业务平台实现连接，在更大范围内实现信息共享。浙江"智慧高速"遵循"顶层设计、分步实施，资源整合、信息共享，统一标准、业务协同，需求导向、注重实效"四项基本原则，按照"8141"总体思路，建设成为现代交通信息技术及系统集成的应用示范工程，以应用促发展、促创新。

3.2 智慧高速标准化建设

3.2.1 智慧高速标准化建设意义

标准体系的建立是建设智慧高速公路的先决条件。目前，国内外没有出台统一的标准体系，标准的缺失将导致重复建设，并制约技术发展和相关产品的规模化应用。这为我国在世界标准格局未定型之前，抢占智慧高速公路发展的制高点提供了一次难得的历史机遇。

标准化作为一种科学的管理手段，在智慧高速建设的过程中起着至关重要的作用，是确保各功能系统之间互联互通、信息共享、协调运作、安全可靠的基础；统一标准能够减少智慧高速建设中不必要的重复和盲目性。尽快探索智慧高速公路标准化体系框架，有利于推动智慧高速公路技术、产业和应用的发展，这对建立统一监管、实时监控、协查通报、信息互通的安全监管服务机制，强化政府部门对交通运输的监管能力，促进"智慧浙江"建设，对国家交通监管、危化品物流运输、国家生态文明、社会经济、国家安防等都具有重大意义。

同时，推进智慧高速标准化建设，有利于建立起一套技术与业务高度融合的由地方标准、行业标准和国家标准组成的相关标准体系，包括智慧高速基础标准、智慧高速定义标准、其他相关标准、数据采集标准、关联信息标准、数据处理标准、协同管理标准、智慧服务标准、网络传输标准和责任追溯查证标准等。

3.2.2 智慧高速标准化建设现状

在标准化建设方面，智慧高速的标准化建设涉及面广，因此其智能化、智慧化特征对标准化要求更为严格。目前，国内外在该领域尚未有完整、科学的标准体系，但相关技术标准体现在国内外标准化组织及其标准研究与制定等方面。从具体标准来讲，近年来比较有影响力的有电气和电子工程师协会（IEEE）的 IEEE 802.15 系列标准、IEEE 1451 系列传感器接口标准，国际电信联盟（ITU-T）的 Q.27/16 通信/智能交通系统业务/应用的车载网关平台，涉及智能电网标准、智能计量标准等。

此外，虽然目前各标准化组织自成体系，标准内容涉及架构、传感、编码、数据处理、应用等，但其共同点是各标准组织在智能测量、城市自动化、汽车应用、消费电子应用等领域均制定了相当数量的标准，体现出重应用的特点。智慧高速乃至智慧交通的标准化建设也以应用为主导。国内"智慧高速"标准化主要以国家智能交通系统工程技术研究中心（National Center of ITS Engineering & Technology，ITSC）为主导，依托交通运输部公路科学研究院，并与智能交通技术交通运输行业重点实验室、全国智能运输系统标准化技术委员会（SAC/TC268）三位一体，构成面向全国智能交通运输领域技术研究和应用开发的国家级高新技术研发实体。

全国（省级）标准化技术委员会是由生产、科研、教学、检验、用户等方面的专家、技术人员和管理人员组成的从事全国性（全省）标准化工作的技术组织，其主要任务是组织标准制修订和维护工作。标准化技术组织包括专业技术委员会（TC）、分技术委员会（SC）和直属工作组（直属WG）。标准化技术组织是制定和维护标准的主要力量，其发展和壮大支撑着我国标准化事业的快速发展。

截至2013年6月，我国与智慧高速直接相关的已成立的相关标准化技术组织有全国智能运输系统标准化技术委员会（TC268）、全国交通工程设施（公路）标准化技术委员会（TC223）和全国道路运输标准化技术委员会（TC521）。总体而言，我国智慧高速的标准化技术组织建设方面的空白与缺口较大，随着行业不断发展的需要，加强智慧高速标准化组织方面的建设也显得越来越重要。

2013年5月3日，全国首个省级智慧城市标准化技术组织——浙江省智慧城市标准化技术委员会正式成立，主要负责全省智慧城市建设领域内的标准化技术归口工作，承担全省智慧高速建设等领域相关的标准化技术工作，致力于浙江省智慧高速建设的各类标准体系的研究、制定、推广、应用等工作。

为有效开展智慧高速标准体系建设工作，浙江省标准化研究院联合标准组成员专程到北京开展智慧高速标准体系建设的调研工作，到中咨泰克交通工程集团有限公司、北京交科公路勘察设计研究院、全国智能运输系统标准化技术委员会（ITS）和交通运输部路网监测与应急处置中心参观学习智能交通建设过程中的标准化建设经验。此次工作主要调研了与智慧高速标准体系相关的具有特色的项目情况以及目前高速公路中标准化建设的经验和存在的问题，并就智慧高速标准化建设的建议等方面进行了沟通。通过此次调研，各专员了解到目前智慧高速相关产业标准化建设的主要模式和面临的问题，为今后开展智慧高速标准化体系建设的相关研究奠定了一定的基础。

经过对现有标准的统计分析，得出以下结果。

①历年标准制修订情况。有关智慧高速相关国家标准制修订工作从2004年开始进入高峰，2004—2008年共发布170项新标准，2009—2013年共发布161项新标准，占现行有效总数的83%。尤其是2001年我国加入WTO以来，

国家加强各行业的标准制修订力度，因此智慧高速国家标准发布持续时间长，发布数量稳定。经计算，213项智慧高速国家标准的平均标龄12.7年，比我国国家标准的平均标龄长4.7年，比ISO标准的平均标龄4.9年长近7.8年；其中，标龄最长的27年，标龄大于等于10年的标准有67项，占总数的17%；标龄小于等于5年的标准有161项，占全部国家标准的40%。

②采标情况。481项国家标准中有115项综合采用国际标准，占总数的23.90%；有30项实际采用国际标准，占总数的26.08%。其中，等同采用为79项，占所有采标标准的68.69%；修改采用为16项，占所有采标标准的13.91%；非等效采用为20项，占所有采标标准的17.39%。主要采标来源是ISO标准，共有49项，占所有采标标准的42.61%；其他标准共有66项，占所有采标标准的57.39%。

③企业参与标准制修订情况。北京、上海地区的企业都十分重视参与标准制修订工作，而浙江省参与标准制修订的情况在数量上不容乐观，参与标准制定的企业的数量尚为空白。

3.2.3 智慧高速标准体系框架研究

"智慧高速"标准体系是由技术与业务高度融合的地方标准、行业标准和国家标准组成的标准体系，包括智慧高速定义标准、智慧高速基础标准、其他相关标准三类，具体包括数据采集标准、关联信息标准、数据处理标准、协同管理标准、智慧服务标准、网络传输标准和责任追溯查证标准等。

①智慧高速定义标准指的是达到了什么样的条件才算是"智慧高速"的界定标准，如网络结构、架构、数据库的规模、工作站规模、设备规模、软件功能、智慧化的程度、安全追溯等方面的规范定义。

②智慧高速基础标准指的是"智慧高速"建设的标准术语、指南、图形符号及分类、分类编码、数据元与分类代码、格式、参数、功能、属性、机构、结构、组织等的规范。

③其他相关标准指的是与"智慧高速"相关联的、可以直接引用的标准。"智慧高速"标准体系框架如图3.3所示。

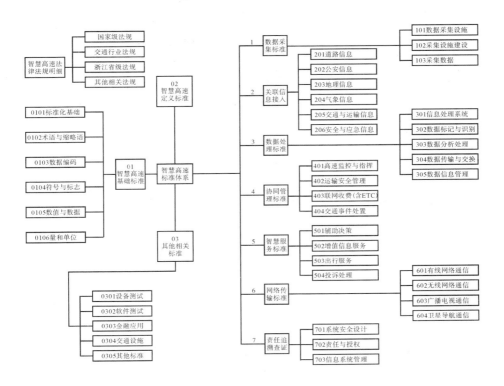

图3.3 "智慧高速"标准体系框架

3.2.4 浙江省智慧高速标准化建设

(1) 浙江省智慧高速标准化概况

《浙江省智慧城市标准化建设三年行动计划（2014—2016年）》中指出，智慧高速标准化推进工程的责任单位为省交通运输厅，配合单位为省交通集团、省质监局、省经信委等。重点建设内容如下：①建立健全智慧高速标准体系，重点开展智慧高速技术、服务、标准的标准制修订工作；②技术方面，重点开展数据采集、关联信息接入接口和数据处理等标准制修订；③服务方面，重点开展出行服务、增值服务等标准制修订，提升服务水平；④管理方面，重点开展协同管理、辅助决策分析和基础信息管理等标准制修订。

"智慧高速"标准化建设的总体思路是在掌握国内外智慧高速标准化建设现状和发展趋势的基础上，结合智慧高速创新高速公路运行服务的体制机制和商业模式，整合资源、统一平台、共建共享、协同管理、智慧服务，保障高速公路安全畅通、人民群众出行方便快捷的需求；按照"顶层设计、分步推进"的思路，从顶层设计和框架搭建入手，研究提出建设技术和业务流程高度融合的智慧高速建设标准体系框架，并对标准体系单元和模块进行细化，同步建设技术和业务流程高度融合的标准体系；以标准规范协同管理、智慧应用，使"智慧高速"具有良好的复制性和拓展性，并与智慧城市建设其他模块、业务主管部门或区域性信息平台互联互通。根据浙江省《"智慧高速"项目建设实施方案》的总体要求，着眼于智慧高速建设总体思路"8141"的创新，以新的标准化建设实现对浙江智慧高速建设的依托。

（2）浙江省智慧高速标准化建设重点

1）国内外智慧高速应用系统的标准化建设现状研究

组织召开智慧高速标准化专家研讨会，邀请有关行业主管部门、国内相关科研院所、智慧高速应用专家、智慧高速设备提供商等参加，研讨智慧高速发展现状及对标准化工作的需求。

收集整理并掌握国际电信联盟（ITU）、国际标准化组织/国际电工协会（ISO/IEC）、全国智能运输系统标准化技术委员会（ITS）、国内电子标签标准工作组、传感器网络标准工作组（WGSN）等智慧高速应用相关标准化组织的相关工作情况。

实地调研交通运输部路网监测与应急处置中心、河北交通投资集团等智慧高速应用的发展现状及对标准化工作的需求。

实地调研中国标准化研究院、全国智能运输系统标准化技术委员会（ITS）、北京交科公路勘察设计研究院、中咨泰克交通工程集团有限公司等智慧高速标准化研究机构和单位的相关标准化研究思路。

调研国外智慧高速应用标准化的情况。如日本VAXS等标准化现状。

2）浙江智慧高速标准化需求研究

从有关政府、企业、第三方运营主体在智慧高速建设中的管理和运营模式、服务业态的创新、应用软件及其系统集成、建设模式创新等方面开展对标准的需求研究。

A. 政府层面

①有利于信息资源整合。通过智慧高速标准规范体系建设，开展信息资源调查，可以掌握信息资源数量、质量、分布等情况，明确要整合的对象，以及各部门的共享需求和共享责任；通过对信息资源进行有效组织和集中管理，实现信息资源的逻辑集中，为信息整合和信息资源的开发利用创造条件。

②有利于政府部门进行有效监管。通过智慧高速标准规范体系建设，进行应用数据接口标准化，明确技术上共同标准、数据存储和表述的统一格式，使得相关应用系统可以与政府部门的应用进行有效对接，从而建立和完善有关部门对智慧高速建设的监管。

③树立市场理念。在政府的传统体系中，缺乏相应的市场战略理念。智慧高速标准服务的对象中应包含市场的成分。在智慧高速标准化服务为市场服务的同时，市场可以为其发展提供必备的条件，快速发起或扩展业务和服务。

B. 企业层面

①克服复杂的管理层次。高速公路运营是以公路为"主线"向大众提供服务的，因此其管理基层单位具有"沿线"延伸设置的特点，管理层次多。在一定程度上，管理幅度受管辖公路线长的影响。公路里程长，服务面广，收费所站就多，管理的难度增大，需要统一的标准化管理制度规范各个职能层级的管理活动。

②统一管理模式。随着高速公路的快速发展，对其管理模式的探讨也一直在进行。从目前的管理状况来看，存在着不同公司管理模式不同、同一公司不同管理路段管理模式不同等问题。例如，公路养护有管养合一、管养分离等模式；服务区服务有自主经营、招商经营等方式。一路一个模式，使得管理的随意性、差异性明显，管理的效率、资源的利用率低，传统的、经验式的管理方法已不能适应公司发展的需要。必须引进先进的管理理念和方法，应用标准化原理和方法，结合过程方法，在公司各工作过程建立标准化管理体系，才能实现服务过程、资源配备、监督考核标准化，最终实现管理标准化、管理效益最大化。

③管理复杂的设施设备。随着高速公路管理的自动化、信息化推进，其

涉及的技术密集型现代化硬件和软件设施越来越多，如收费系统、监控系统、通信系统、配电系统，以及系统运行所需要的软件系统等。对这些设备的有效利用和管理需要建立一整套标准化的操作规范及管理制度，这也是从标准化管理向信息化管理过渡的基础。

3）浙江智慧高速建设标准体系研究

主要开展智慧高速标准体系框架设计与创新研究，涵盖数据采集、关联信息、数据处理中心和运行服务体系平台、协同管理、智慧服务、网络传输、责任追溯查证、技术与业务标准、开放共享等内容。具体从管理和运营标准体系单元与模块、应用软件和系统集成标准体系单元与模块、信息建设共享和互联互通标准体系单元与模块进行细化研究。此外，提出浙江智慧高速项目建设实施方案的标准体系研究报告。

4）智慧高速标准化应用示范

在智慧高速技术体系架构和标准体系的指导下，结合前述的共性技术标准，在浙江省内当前发展比较全面、综合条件比较完备的高速公路选取示范基地，对项目研究成果进行标准化应用示范，以保证标准的可行性和合理性。

3.3 智慧高速国家标准解读

3.3.1 《合作式智能运输系统专用短程通信》系列标准概况

我国道路基础设施已形成较稠密的网络，2015年年底机动车保有量为2.79亿辆，与此同时，交通污染、交通效率、交通安全等问题也日益凸显。由于我国的交通网络多分布在道路和车辆保有率都很高的东部沿海地区，继续拓展交通里程来缓解交通压力已不现实。所以充分利用现有交通、道路等设施，借助智能交通技术来减轻交通污染，提高交通效率，提升交通安全，是今后我国交通发展的唯一选择。

合作式智能运输系统（cooperative ITS），是指通过人、车、路信息交互，实现车辆和基础设施之间、车辆与车辆之间、车辆与人之间的智能协同与配合的一种智能运输系统体系；专用短程通信（dedicate short range communication，DSRC）是指专门用于道路环境的车辆与车辆、车辆与基础设施、基础设施与基础设施之间通信距离有限的无线通信方式，是智能运输系统领域中基础通信方式之一。

利用此系统，驾驶员可以实时了解道路、交通以及车辆的状况，以最为安全和经济的方式到达目的地，减少交通事故及交通挤塞情况，同时节省能源和保护环境。

3.3.2　总体技术要求

（1）研制目标和适用范围

为规范合作式智能运输系统环境下车与车及车与路的通信，根据中国智能运输系统发展要求，编制组在深入调查研究，参考国外先进标准，并广泛征求意见的基础上，制定了 GB/T 31024.1 – 2014《合作式智能运输系统　专用短程通信　第1部分：总体技术要求》。本部分规定了合作式智能运输系统的对象通信关系与专用短程通信的参考架构、专用短程通信支持的主要智能运输系统业务，以及专用短程通信的技术要求、设备要求、安全要求与时间管理等。

本部分适用于合作式智能运输系统中专用短程通信子系统应用的设计、开发、运行和维护，是制定合作式智能运输系统中专用短程通信应用的技术实现标准、质量测评标准及工程标准的依据。

（2）主要内容

1）合作式智能运输系统构成

合作式智能运输系统由车载子系统、路侧子系统、中心子系统和出行者子系统构成。合作式智能运输系统不同对象之间的通信关系架构如图 3.4 所示，其中合作式智能运输专用短程通信系统如虚线框所示；车载子系统包括车载单元（on board unit，OBU），也可包括车载网关、路由器等；路侧子系统包括路侧单元（road side unit，RSU），也可包括路侧网关、路由器和边缘路由器等；中心子系统包括中心解密、中心交换、服务组件节点、服务路由器和中心接入节点等，具备网络管理、业务支撑等能力；出行者子系统由出行者所携带的各类信息终端及其他信息处理设备构成。

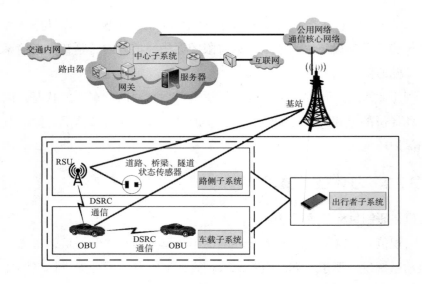

图3.4　合作式智能运输系统不同对象间的通信关系架构

2）系统支持的业务

合作式智能运输专用短程通信系统可支持的主要智能运输系统业务包括如下几项。

A. 汽车辅助驾驶

汽车辅助驾驶业务包括辅助驾驶和道路基础设施状态警告。

辅助驾驶包括碰撞风险预警（尤其是路口碰到预警）、错误驾驶方式的警示、信号违规警告、慢速车辆指示、摩托车接近指示、车辆远程服务、行人监测、协作式自动车队。

道路基础设施状态警告包括车辆事故、道路工程警告、交通条件警告、气象状态及预警、基础设施状态异常警告。

B. 交通运输安全

交通运输安全业务包括紧急救援请求及响应、紧急事件通告、紧急车辆调度与优先通行、运输车辆及驾驶员的安全监控、超载超限管理、交通弱势群体安全保护。

C. 交通管理

交通管理业务包括交通法规告知、交通执法、信号优先、交通灯最佳速度指引、停车场管理。

D. 导航及交通信息服务

导航及交通信息服务业务包括路线实时指引和导航，施工区、收费、停车场、换乘、交通事件信息，流量监控、建议行程、兴趣点通知。

E. 电子收费

电子收费业务包括以电子化的交易方式，向用户收取交通相关费用，如道路、桥梁和隧道通信费用，道路拥堵费用，有偿交通信息服务费用，停车费用等。

F. 运输管理

运输管理业务包括运政稽查、特种运输监测、车队管理、场站区管理等。

G. 其他

其他业务包括车辆软件/数据配置和更新、车辆和RSU的数据校准、协作感知信息更新及发送。

3）通信系统的参考架构及要求

合作式智能运输专用短程通信系统的参考架构如图3.5所示，车辆与车辆之间以及车辆与路侧基础设施之间通过专用短程通信技术进行信息交互；专用短程通信系统包含物理层、媒体访问控制层、网络层和应用层。车载单元的媒体访问控制层和物理层负责处理车辆与车辆之间、车辆与路侧设施之间的专用短程无线通信连接的建立、维护和信息传输；合作式智能运输系统中的各种服务和应用信息通过应用层和网络层传递到路侧设施及车载单元上，并通过车载子系统与用户进行交互；管理和安全功能覆盖专用短程通信系统整个框架。

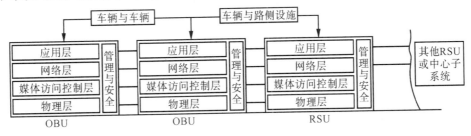

图3.5 合作式智能运输专用短程通信系统的参考架构

A. 总体要求

无线通信能力方面，要求：车路通信的路边单元最大覆盖半径大于1km；车车通信单跳距离可达300m；支持OBU的最大运动速度不小于120km/h。

网络通信功能包括广播功能、多点广播功能、地域群播功能、消息优先级的管理功能、通道/连接管理功能、车载单元的移动性管理功能。

B. 物理层技术要求

车载单元与车载单元通信接口要求满足汽车辅助驾驶中紧急安全事件消息的传递，MAC层的通信时延应小于40ms；MAC层支持的并发业务数应大于3；路侧单元支持的并发终端用户容量应大于128。

C. 网络层技术要求

网络层可适配不同的物理层，网络层应具备支持电子不停车收费等系统的向后兼容性，并具备前向可扩展性。合作式智能运输系统通信应用针对移动性、通信模式、鉴权、处理模式、数据速率、安全可靠性、交互性等业务特征，可充分利用各种网络资源来满足复杂交通场景下合作式智能运输系统的应用需求：

①强移动性支持。支持终端的运动最大速度不小于120km/h，在跨路侧设备覆盖区时，可保证业务连续性；

②时延要求。紧急安全事件业务的端到端传输时延应小于50ms；

③可支持多种接入技术要求。网络层和应用层与接入层技术具有相对独立性，可以通过多种接入技术为网络层提供服务，如电子不停车收费和专用短程通信系统可使用相同的网络和应用层与业务服务平台进行信息交互；

④支持传输技术多样性。网络层与数据传输技术相对独立，如中心子系统到RSU的数据传输既可通过光纤网络也可通过双绞线传输，网络层不受底层传输技术影响；

⑤服务质量（QoS）保证。可为业务建立优先级，并具备QoS标示能力，以支持网络的QoS保证机制。

D. 应用层技术要求

应用层主要包括车车通信应用、车路通信应用以及其他通用交通应用，需满足三个方面的要求：业务接口统一，制定标准格式；业务支撑管理；安全性。

4）系统涉及的通信方式

合作式智能运输系统是一个开放式的系统，以交通运输服务为核心，各子系统和不同技术之间相互协同，独立或合作实现特定服务功能。

合作式智能系统可包含多种通信技术和通信方式，其涉及的通信方式如图3.6所示。随着各种技术的演进，合作式智能运输系统所使用的具体技术也将不断发生变化，但系统的逻辑功能和系统结构应该保持稳定。

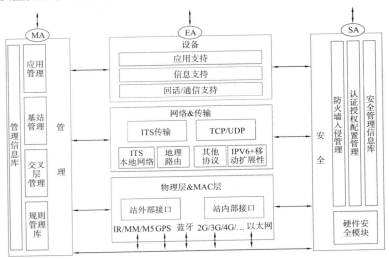

图3.6　合作式智能运输系统涉及的通信方式

目前比较流行的通信方式包括电子收费和专用短程通信，交通专用短程通信技术，2G、3G、4G移动通信技术，DSRC技术，Wi-Fi，蓝牙，ZigBee等。合作式智能运输系统并不限制具体技术手段的应用，各种通信技术应在合作式智能运输系统的功能结构框架下合理应用，以便于各类技术之间的合作协同，避免产生冲突。

3.3.3　媒体访问控制层和物理层规范

（1）适用范围及定义

GB/T 31024.2 – 2014《合作式智能运输系统　专用短程通信　第2部分：媒体访问控制层和物理层规范》规定了合作式智能运输系统专用短程通信的

媒体访问控制层技术要求和物理层技术要求，包括系统参考模型、有中心节点通信模式的MAC层帧格式和功能、无中心节点通信模式的MAC层帧格式及功能、有中心节点通信模式的物理层参数及功能、无中心节点通信模式的物理层参数及功能等。

本部分适用于合作式智能运输系统车辆与车辆之间以及车辆与道路基础设施之间的无线通信设备。

相关专业术语的定义如表3.1所示。

表3.1　合作式智能运输系统相关术语的定义

术语	缩略语	定义
MAC协议数据单元	MPDU	两个对等MAC实体之间利用PHY层服务所交换的数据单元
MAC管理协议数据单元	MMPDU	两个对等MAC实体之间为实现MAC管理协议所交换的数据单元
MAC服务数据单元	MSDU	MAC服务访问点(SAP)之间作为单元而交付的信息
路侧单元	RSU	安装在道路两侧或门架上,通过专用短程无线通信接收来自OBU的信息和向OBU发送信息的功能实体
车载单元	OBU	安装在车辆上的具备信息采集、处理、存储、输入和输出接口,具有专用短程无线通信模块的功能实体
调制编码方案	MCS	在空间流上采用的特定调制方式和编码速率的组合
空间流		空间并行发射的数据流
空时流		对空间流进行空时编码后的空时编码流
组确认	GroupACK	一种批量反馈确认信息的方式
短前导序列	S-Preamble	用于自动增益控制和粗同步的训练序列
长前导序列	L-Preamble	用于精同步和信道估计的训练序列
系统信息信道	SICH	包含帧结构配置等系统信息的物理信道
控制信道	CCH	包含用户上下行传输调度信息的物理信道
下行探测信道	DL-SCH	用于发送下行探测信号,完成下行信道测量的物理信道
上行探测信道	UL-SCH	用于发送上行探测信号,完成上行信道测量的物理信道

术语	缩略语	定义
上行随机接入信道	UL-RACH	用于发送上行随机接入信号的物理信道
下行传输信道	DL-TCH	用于传输用户下行业务数据和控制信息的物理信道
下行保护间隔	DGI	物理层帧结构中下行到上行转换的保护间隔
上行保护间隔	UGI	物理层帧结构中上行到下行转换的保护间隔

(2) 主要内容

1) 系统参考模型

系统参考模型如图3.7所示，各层的主要功能如下。

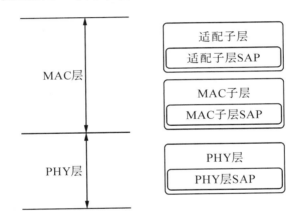

图3.7　系统参考模型

A. MAC 层

适配子层主要提供外部网络数据和本部分MAC业务数据单元（MSDU）之间进行映射和转换的功能。

MAC子层除了担当媒体访问控制功能外，还包括对系统的管理和控制以及对PHY的特定功能的支持。

B. PHY 层

PHY层主要提供将MAC协议数据单元（MPDC）映射到相应的物理信道的PHY传输机制，采用了正交频分复用（OFDM）和多人多出（MIMO）技术。

2）有中心节点通信模式的MAC层

MAC层用于管理和控制多个用户之间分配和共享物理层传输资源，其功能组成如图3.8所示。为了支持多媒体业务具有QoS保证并高效传输，本节定义的MAC层具有如下特征：采用面向多用户调度的集中控制架构；MAC层提供面向连接的服务，支持不同优先级业务的QoS。

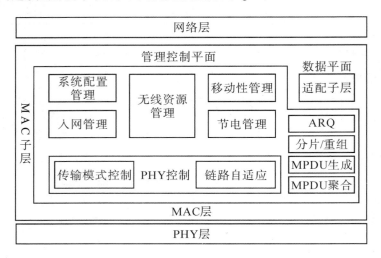

图3.8　MAC层功能组成

MAC层分为适配子层和MAC子层，具体功能如表3.2所示。

表3.2　媒体访问控制层功能详解

子层名称	主要功能		
适配子层	接收来自上层的业务数据单元		
	对接收的上层业务数据单元进行分类		
	将本层生成的适配子层的协议数据单元送给MAC子层		
	接收对等实体中适配子层的业务数据单元		
MAC子层	管理控制平面	系统配置	管理系统配置消息,并和终端交互系统配置信息
		无线资源管理	完成业务调度功能,基于业务参数和信道条件完成资源分配,具备负载均衡、接入控制等功能

子层名称		主要功能		
	入网管理	负责初始化和接入流程,产生接入流程所需的消息,包括接入码选择、能力协商等		
	节电管理	管理无业务的 OBU 进入休眠状态,以及从休眠状态回到激活状态		
	PHY 层控制	传输模式选择	MIMO 工作模式选择	
			STBC 模式选择	
		链路自适应	CQI 测量和反馈	
			MCS 选择和反馈	
			功率的控制和管理	
数据平面	自动重传请求（ARQ）	对 MAC 层的 MPDU 或者分片/聚合 MP-DC 的确认和重传操作		
	分片/重组	根据调度结果发送端将上层业务数据单元进行分片处理后发送给下一个处理模块,在接收端将多个分片重组恢复		
	MPDU 生成	将上层业务单元封装成基本的 MAC 帧,然后发送给下一个处理模块		
	MPDU 聚合	根据调度结果发送端将上层业务数据单元进行聚合操作		

3）有中心节点通信模式的 MAC 帧格式

有中心节点通信模式的 MAC 帧格式如图 3.9 所示。每一个 MAC 协议数据单元（MPDU）都可被分为三个部分：定长的通用 MAC、MPDU 所携带的帧体，以及校验（FCS）信息。

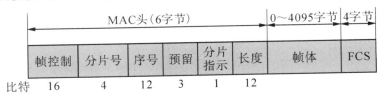

图 3.9　有中心节点通信模式的 MAC 帧格式

MAC 帧中的所有字段包含的比特按照从低到高进行编号，按照从低到高的顺序发送到物理层。一个字节内的比特按照由左（LSB）到右（MSB）的顺序传送到物理层。

4）无中心节点通信模式的MAC层

无中心节点通信模式用于车辆与车辆之间直接传递信息。无中心节点通信模式使用单独的10MHz频段工作，这10MHz载波称为无中心节点通信模式载波。若无中心节点通信模式载波与有中心节点通信模式载波间隔30MHz以上，则无中心节点通信模式与有中心节点通信模式系统在无线传输时可互不干扰，无中心节点通信模式MAC层与有中心节点通信模式MAC层可各自独立工作。若无中心节点通信模式载波与有中心节点通信模式载波相邻，需要避免收发间的邻信道干扰。

无中心节点通信模式采用共享竞争信道MAC机制。在OBU发出信息前，监测无中心节点通信模式的信息帧，并同时监测信道空闲状态，若存在信号强度大于信道空闲门限值，则认为信道忙，并继续监测信道状况；在监测到信道空闲后，随机避让2^n个基本时间单位（n即竞争窗口，$n \leq 9$，基本时间单位为13μs），在随机避让过程中，依然需要检测信道状态，遇信道忙时，避让计时器暂停，信道空闲后，避让计时器在停止处继续倒数计时，并在计时器归零后发出无中心节点通信方式的数据包。

5）无中心节点通信模式的MAC帧结构

无中心节点通信模式的MAC帧格式如图3.10所示。MAC帧可以被分为三部分：定长的MAC头信息、MAC帧所携带的数据以及校验（FCS）信息。

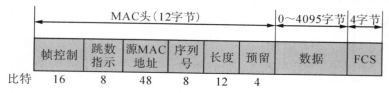

图3.10　无中心节点通信模式的MAC帧格式

6）有中心节点通信模式物理层

有中心节点通信模式物理层帧结构如图3.11所示，帧结构中各子信道的定义如表3.3所示。

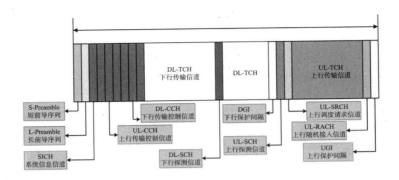

图3.11　有中心节点通信模式物理层帧结构

表3.3　帧结构子信道定义

信道名称	功能	持续时间
短前导序列 S-Preamble	系统粗同步	OFDM 符号
长前导序列 L-Preamble	系统精同步及信道估计	OFDM 符号
系统信息信道 SICH	广播帧结构配置	OFDM 符号
控制信道 CCH	上行传输信道资源调度 下行传输信道资源调度	SICH 指示（≤63 symbols）
下行探测信道 DL-SCH	下行信道测量	MAC 层 BCF 帧指示
上行探测信道 UL-SCH	上行信道测量	SICH 指示（≤4 symbols）
上行调度请求信道 UL-SRCH	上行调度请求	SICH 指示（≤4 symbols）
上行随机接入信道 UL-RACH	OBU 初始接入	MAC 层 BCF 帧指示
下行传输信道 DL-TCH	下行业务传输 下行信令传输	SICH 指示（≤511 symbols）
上行传输信道 UL-TCH	上行业务传输 上行信令传输	SICH 指示（≤511 symbols）
下行保护间隔 DGI	下行至上行收发保护间隔	MAC 层 BCF 帧指示
上行保护间隔 UGI	上行至下行收发保护间隔	MAC 层 BCF 帧指示

注：MAC 层 BCF 帧是广播配置消息，在 DL-TCH 信道周期性广播。广播周期在 MAC 层
BCF 帧中指示。

7）无中心节点通信模式物理层

　　无中心节点通信模式使用单独的10MHz带宽，与有中心节点通信模式相比，宽带减半，子载波间隔减半。正常CP模式下，符号长度加倍。无中心节

点通信模式的物理层帧结构如图3.12所示。无中心节点通信模式物理层帧结构中各子信道的定义如表3.4所示。

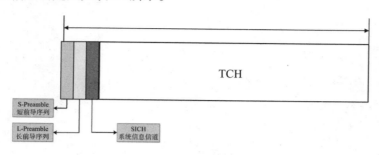

图3.12　无中心节点通信模式的物理层帧结构

表3.4　帧结构子信道定义

信道名称	功能	持续时间
短前导序列 S-Preamble	系统粗同步	OFDM 符号
长前导序列 L-Preamble	系统精同步及信道估计	OFDM 符号
系统信息信道 SICH	提示传输信道的物理层信息，如 MCS 信息	OFDM 符号
传输信道 TCH	业务传输	SICH 指示（≤511 symbols）

3.4　智慧高速标准研制

3.4.1　研制背景

随着高速公路路网的扩大及管理要求的不断提高，收费系统、通信系统、监控系统已经是现代化高速公路建设中必不可少的一个部分。通过分析与智慧高速相关的统一术语、指南、图形符号及分类、分类编码、数据元与分类代码和信息交换等基础通用标准，推动智慧高速应用系统内部（交通与交警）以及与其他应用系统（通信运营、气象等）之间的信息共享，统一云计算、云存储等信息标准，可避免信息孤岛的产生。

2013年，浙江省标准化研究院与浙江省交通投资集团有限公司开始"浙江智慧高速标准化建设技术服务"研究工作，为顺利完成浙江"智慧高速"

标准化建设项目，扎实做好"智慧高速"标准体系构建及相关系列标准的制修订工作打好了基础，总结提出了"智慧高速公路机电系统建设技术要求""高速公路视频监控系统联网技术要求""智慧高速公路信息资源分类与编码规范""高速公路协同管理与服务规范""高速公路机电设备维护管理规范"等地方标准制定需求，并将其纳入了浙江省智慧城市标准化建设五年行动计划。

2014 年，由浙江省标准化研究院、交通运输部公路科学研究院、浙江省交通投资集团有限公司等单位承担，开始质检公益性行业科研专项项目"智慧高速公路信息与服务标准研究及应用示范"的研究工作。该项目重点针对智慧高速公路信息交换共享、服务、系统标准（如服务规范等）研究制定国家标准，研究建立智慧高速公路标准服务平台以及适合全国高速公路智慧交通管理信息标准化的试点。

目前，已完成 2 项国家标准（发布）、1 项行业标准（发布）、2 项地方标准（立项），并提出 2 项地方标准（申报）（见表3.5）。

表3.5　智慧高速标准制定情况

序号	分类	标准号	标准名称	实施进度
1	国家标准	GB/T 31024.1-2014	《合作式智能运输系统　专用短程通信　第1部分:总体技术要求》	已发布
2		GB/T 31024.2-2014	《合作式智能运输系统　专用短程通信　第2部分:媒体访问控制层和物理层规范》	已发布
3	行业标准	JT/T 919.1-2014	《交通运输物流信息交换　第1部分:数据元》	已发布
4	地方标准	DB33	《高速公路服务区管理与服务规范》	已立项
5		DB33	《综合交通视频交换技术规范》	已立项
6		DB33	《智慧高速公路路况信息服务规范》	已申报
7		DB33	《智慧高速公路信息互联数据规范》	已申报

3.4.2　标准内容

目前，智慧高速列入浙江省地方标准制定计划的有《智慧高速公路路况信息服务规范》和《智慧高速公路信息互联数据规范》。

(1)《智慧高速公路路况信息服务规范》

该标准规定了智慧高速公路路况信息的内容、格式、报送流程以及公众发布等方面的内容，适用于在各高速公路营运管理单位和各路公司派驻各区域应急救援分中心的人员向各监控指挥中心报送高速公路路况信息，以及监控指挥中心的路况信息管理工作。

路况信息指导致道路的某一区段车辆异常密集或集中，引起后续的车辆低速驾驶、停驶甚至滞留，以及车辆无法通行或高速公路（收费站）被迫封闭及服务区运营异常的各种事件情况。

1）路况信息分类

A. 道路施工类

道路施工类信息包括施工作业的内容、路段、计划时间、施工路段管理措施、施工期间车辆分流方案以及应急预案等信息。

以下几类高速公路施工作业必须报送：①需要中断交通的；②需要半幅封闭的；③占用一个及一个以上车道且长度超过2公里，或者连续作业超过4个小时的；④对施工车辆的高度、宽度、长度、轴载等有特别限制的，且持续作业时间超过半小时的；⑤其他对高速公路通行产生重大影响的事件。

B. 交通事故类

交通事故类信息包括交通事故的类型、发生地点、发生时间、伤亡人数、事故车型及车辆数、事故的主要原因、事故对车辆通行的影响及处置措施等信息。

C. 交通管制类

交通管制类信息包括：①危险品车辆、多轴重型货车、超限运输车辆等特种车限行信息；②交通安全主管部门在特定时段、特定路段采取的分流、限速等管制措施；③出现超大流量（路段行驶车辆平均速度低于40km/h）引起车辆排队通行现象的信息；④各类交通管制对道路通行造成的影响等。

D. 恶劣天气类

恶劣天气类信息主要指高速公路区域出现雨、雾、雪、大风、冰冻等恶劣天气情况，及其影响通行的路段范围等信息。

E. 运营场所及其他突发性事件

运营场所及其他突发性事件主要指收费站及服务区运营情况，高边坡、桥梁等道路结构物损坏并影响道路交通运行，高速公路区域内发生的单个或群体事件等一切影响道路安全运行的信息。

2）路况信息格式

路况信息的基本要素包括时间、高速名称、方向、位置、事故内容、事件更新。

时间格式：月 – 日　时:分。

高速名称格式：国家代号＋省内路段。

位置格式：距最近一个收费站 X 公里处。

事故内容格式为：占据第几车道，卡口、分流、收费站关闭情况，危化品事故应写明危化品形状及现场情况。

事件更新：时:分　事故还在处理当中，后方堵车 X 公里，XX 分流。

完整路况信息格式为：月 – 日　时:分　国家代号（省内路段）＋方向＋距（最近收费站）几公里处，事件，占据第几车道，请您注意避让。封道、卡口、分流字眼可正常发布。

示例：1 – 5 16:27 G60 沪昆高速（杭金衢）金华方向距直埠枢纽 1 公里处，货车与小车追尾，事故车与抛洒物占据第二车道，现场等待清理，目前后方缓行 5 公里，新岭隧道暂时卡口，次坞进口关闭，请您耐心等待。（一般事故类型）

示例：10 – 2 04:56 G15 沈海高速（甬台温）双向，台州部分地区因受台风影响，临海北至大溪进口关闭。（恶劣天气）

示例：2 – 5 09:58 G15 沈海高速（甬台温）福建方向距乐清 3 公里，道路施工占据第二车道，请您注意避让。预计 3 – 5 结束。（施工）

示例：3 – 6 07:00 G60 沪昆高速（杭金衢）杭州方向金华服务区改造暂停加油，请您提前在兰溪服务区加油或在地方加油再上高速。预计 3 – 15 结束。（服务区）

示例：3 – 6 07:00 G60 沪昆高速（杭金衢）杭州方向距牌头收费站 4 公里处，危化品车翻车（车上装有甲醛）有泄露，占据第二车道，甲醛可燃，无色及有刺激性的气味，请过路车辆关闭车窗，快速通过不要停留（危化品现状，现场情况根据实际情况说明）。目前主线禁止通行，郑家坞进口关闭，出

口分流。（危化品）

3）路况信息报送流程

信息报送工作流程主要分为采集，报送，接收、整理和审核三个步骤。

A. 采集

各路公司负责本路段路况信息的采集，清障、养护、收费站、服务区等基层单位是路况信息的采集点。

各路公司的基层单位在采集到相应的路况信息后，报送给路段监控（分）中心。

B. 报送

报送机制为各路公司与区域应急救援分中心并行报送的机制。路段监控（分）中心为信息报送单位。

路段监控（分）中心采集到所辖路段信息后，编辑信息资料，录入"智慧高速运行服务管理系统"。

各路公司派驻区域应急救援分中心的人员应将所辖区域内的交通事故信息录入"智慧高速运行服务管理系统"。

若网络通信出现故障，各单位应在第一时间通过电话将事件发生的时间、地点、概况等主要信息上报，并在网络通信恢复后补报。

C. 接收、整理和审核

监控指挥中心对于各单位报送的路况信息，进行接收、整理、校核后，适时发布。

4）路况信息报送时限要求

当各类交通事件对道路通行产生影响时，应当每隔10分钟报送影响动态，直到交通事件影响消除为止。

道路施工作业计划应在实施前一天17:00之前报送。

在道路上实际开始施工或结束施工的信息应在10分钟内报送。

交通事故信息应当在得知事故发生后10分钟内报送；交通事故现场处理完毕后10分钟内报送。

车辆限行、限速、分流等交通管制信息应当在开始实施或解除后10分钟内报送。

设施严重受损等其他对道路交通有影响的突发性事件信息，应当在得到消息后 10 分钟内报送。

(2)《智慧高速公路信息互联数据规范》

该标准规定了智慧高速监控系统（平台）与各高速公路系统及第三方服务平台的数据交换内容及方式。

该本标准适用于对智慧高速监控系统（平台）、高速公路信息系统的设计、开发、管理、维护工作。

1）数据分类

智慧高速公路数据主要分为基础数据、实时数据、事件数据三类。基础数据包括人力资源、车辆资源、物资资源、机构资源、路面设施、设备信息等数据；实时数据包括 GPS、设备采集信息（含设备状态）、设备控制指令；事件数据主要是交通事件的数据。

2）数据传输要求

数据传输要求如表 3.6 所示。

表 3.6 智慧高速公路系统的数据传输要求

数据类别	数据类型	描述	传输要求
基础数据	人力资源	各类人员（监控中心监控员、巡逻车驾乘人员等）的基本信息	上报
	车辆资源	巡逻车、公务用车的基本信息	上报
	物资资源	备灾驻点（包括物资）	上报
	机构资源	机构（施救、养护、路政、交警、消防、医院等）信息	上报
	路面设施	监控中心、收费站、服务区、大型桥梁、隧道、枢纽、互通	上报
	设备信息	摄像机、车辆检测器、可变情报板、可变限速标志、能见度仪、气象仪、高清卡口、网络广播、视频事件检测器	上报
实时数据	GPS	巡逻车、公务用车的定位信息	上报
	设备采集信息（含设备状态）	车辆检测器、可变情报板、可变限速标志、能见度仪、气象仪	上报
	设备控制指令	可变情报板、可变限速标志	下发
事件数据	交通事件	事件基本信息、详细信息、交通管制信息	上报

注：摄像机、高清卡口通过其他平台集成；网络广播待定。

3) 数据交换接口通用规范

字段名只可用英文,大小写无关,长度不超过20个字符。数据格式对应关系如表3.7所示。

表3.7 数据格式对应关系

中文表述数据类型	英文表述数据类型	标准SQL数据类型
字符串	STRING	varchar
数值(整数,浮点数)	NUMBER	numeric
布尔	BOOLEAN	bit
日期、时间、时间戳	DATETIME	datetime
空值	NULL	null

3.4.3 标准特点

智慧高速标准主要为技术和业务标准,突出了应用性和服务性。智慧高速将全省高速公路收费、监控数据和公安、交通、气象等相关单位提供的关联数据信息进行交换汇聚,分析处理后实现"一路三方"协同指挥,满足为公众出行服务的需要。智慧高速涉及云计算技术、互联网技术、物联网技术、移动通信技术、集群通信技术、交通事件分析技术、气象分析技术、多媒体信息发布技术、应急预案控制技术和系统集成技术,从而建立起大范围内发挥作用的实时、准确、高效的高速公路智慧交通系统协同管理和服务体系。

由于智慧高速标准的应用性比较显著,因此还具有地方性和实效性。以上两个智慧高速标准均从浙江省高速信息服务和信息互联数据的现状出发而制定,适合于浙江省内的智慧高速系统运作。另外,随着系统开发和建设的不断深入,标准也需要及时做出调整。

第4章　智慧政务标准化理论实践

4.1　智慧政务建设现状

4.1.1　国外智慧政务建设情况

(1) 美国智慧政务建设概况

作为发达国家，美国不但是全球经济的领先者，同时也是积极发展电子政务的首倡国。在很大程度上，美国电子政务的建设理念和模式正在成为或已经成为全球电子政务的模板。美国电子政务建设大致经历了起源、发展和成熟三个阶段。

20世纪90年代初，克林顿政府首次提出"电子政务"，强调建立"以客户为导向"的电子政府（1994年）。期间，为实现政府办公无纸化、为民服务网络化，制定了"走进美国"和"重塑政府计划"（1996年）。2000年"第一政府"网站（www.firstgov.gov）开通。布什政府上台后，延续了克林顿政府提出的"利用信息技术提升美国竞争力"的理念，致力于建立"充满活力而又有限"的政府，美国电子政务进入全面发展阶段。期间，政府成立了"电子政府特别工作小组"，推出了美国《21世纪电子政务发展新战略》，实现了政府采购电子化、标准化。奥巴马政府进一步发展了政府信息化，致力于建设"开放政府"，倡导"参与式民主"，力争使美国成为"全球的信息服务和信息系统的最佳管理者、创新者和使用者"。它所建立的数据开放平台——"数据在线"（data.gov）被誉为"美国政府科学数据汇集的网站"。此外，政府还特别设立了首席信息官（CIO）；开发了联邦政府组织架构（Federal Enterprise Architecture，FEA），为更好地实施"以客户为中心"、面向结果、基于市场的行政管理模式打下基础。

（2）日本智慧政务建设概况

日本"智慧城市"的发展目标主要是利用智能化技术来帮助人们的工作与生活，使人们能够跟上并适应社会生活的节拍，涉及的领域主要有电子化政务与商务、医疗健康、人才培育等。日本2009年7月推出"i-Japan战略2015"，旨在将数字信息技术融入生产生活每个角落，目前将目标聚焦在电子化政府治理、医疗健康信息服务、教育与人才培育等三大公共事业。日本各城市积极落实国家战略，重视新技术的研发和应用推广，在远程医疗、电子病历方面进行了积极尝试。

日本还积极推广泛在环境下的网络技术。泛在网络环境是指在互联网处于任何时候和任何情况下都可以全面互联的状态。日本大力发展泛在环境下的电子政府和电子地方自治体，推动医疗、健康和教育的网络化。人们可以通过网络管理自己的信息资料，享受智能化的电子政务服务。

（3）新加坡智慧政务建设概况

新加坡于2006年推出"智慧国2015"计划，建设电子政府公共服务机构，提高政府工作效率。通过建设电子政府公共服务平台，新加坡有效整合了政府业务，实现了无缝管理和一站式服务。电子政务公共服务架构可以提供超过800项政府服务，建成高度整合的全天候电子政务服务窗口，使各政府机构、企业以及民众间实现无障碍沟通。通过在网上商业执照服务中使用整合服务系统，企业可在网上向40个政府机构和部门申请超过200种商业执照。执照的平均处理时间也由21天缩短至8天，使企业执照申请流程更有效、更经济。

新加坡建立起一个以市民为中心，市民、企业、政府合作的"电子政府"体系，让市民和企业能随时随地参与到各项政府机构事务中。目前，新加坡的市民和企业可以全天候访问1600多项政府在线服务及300多项移动服务，这为新加坡人的衣食住行和企业的商业运作带来了极大的便利。最新的电子政府调查显示，93%的新加坡民众在办理政府业务的过程中采用过电子方式，相比2010年的84%上升了9个百分点。

4.1.2　国内智慧政务建设情况

截至 2012 年，我国电子政务建设正逐步走向深化应用、网络集成阶段。政府门户网站建设成效显著，在云技术、物联网的催化下，智慧政府门户建设成为下一阶段政府网站发展的新方向。政务信息资源开发利用范围更广泛、覆盖率更高，但各领域发展仍不均衡。在公众对电子政务的使用率方面，政务微博客的公众认可度不断上升，其应用由单一、简单功能向集成、整合方向发展，实现了从"宣传发布"到"服务民生"的转变，如"深圳微博发布厅""北京微博发布厅""上海微博发布厅"等都是政务微博集群化服务的典范。

（1）北京智慧政务建设概况

作为中国的首都，北京在经济发展水平、信息化建设以及电子政务发展方面都位居全国前列，这些成就除了得益于北京优越的政治、经济、地理环境外，离不开北京具有前瞻性的发展战略。2006 年，在《2006—2020 年国家信息化发展战略》的号召下，北京建立了"首都信息化发展战略"，提出了 2010 年、2015 年、2020 年三个阶段的目标，指明了建设"服务政府、数字北京"的任务和措施。在《北京"十一五"信息化规划》中提出推进信息化的"三二一"方略，即"信息惠民""信息强政""信息兴业"三项计划，信息安全保障体系建设、信息基础设施完善两项工作，以及"信息奥运"专项工程。2008 年，北京电子政务建设进入深化应用、信息资源管理阶段，形成了《政务信息资源目录体系》和《政务信息资源交换体系》系列标准，构建了北京市电子政务总体框架。2011 年，北京市级电子政务云平台建设开始推行，意味着"首都之窗"的转型与升级，也意味着"数字北京"向"智慧北京"转型。

（2）南京智慧政务建设概况

南京市作为全国智慧城市建设的先行者，在《南京市"十二五"智慧城市发展规划》中提出了"十二五"期间电子政务的发展目标，即建成跨部门、信息资源共享的智慧政务体系，以提高管理效率和服务民生为导向，引入云计算、云服务等先进技术及理念，强化资源整合、信息共享和业务协同，不断促进政府行政的现代化、民主化、公开化和高效率，推进政府组织结构和工作流程的优化重组。其核心思想就是实现电子政务向智慧政务的进化，关键则在于总体架构的设计与落实。

南京市智慧政务总体架构是以国家和地方的相关规范、标准体系为基础，以运行管理和安全保障体系为支撑的层级架构，自下而上包括公共服务层、部门业务层、集成应用层、统一门户层四个层次。四个层次相互关联，依据顶层设计的方法自顶向下，从打造统一政府的需求出发，形成开放架构，使用云计算技术构建具有平衡能力的基础软硬件设施，提供快速敏捷的业务应用建设能力。南京市智慧政务总体架构如图4.1所示。

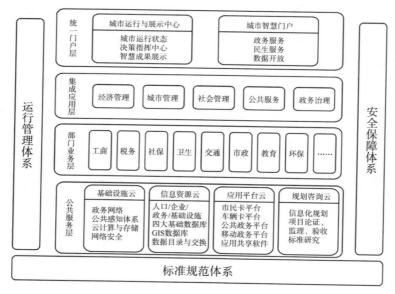

图4.1　南京市智慧政务总体架构

（3）云南智慧政务建设概况

2000年以来，云南电子政务建设突飞猛进，主要在信息化网络建设、重点工程及应用系统建设、制度建设、门户网站建设等方面取得了不小的成绩。

①网络建设。目前，云南省电子政务网络已基本覆盖省级部门、州市、县和部分乡镇，在省、州市、县区范围内形成统一的三级电子政务传输骨干网，接入电子政务网的部门达3600余个。

②重点工程及应用系统建设。2002—2012年十年间，连续开展了云南省

电子政务一期、二期、三期、四期工程建设，初步建成了覆盖全省的统一电子政务基础设施、政府系统的办公业务应用体系和跨部门协同业务系统，电子政务运行维护体系基本形成。2013年电子政务外网建设完成，以外网为依托的政务网站体系基本形成。

③制度建设。2003年，制定了《云南省电子政务实施意见》，在阐述电子政务建设存在问题的基础上，指出云南电子政务建设的目标、步骤和措施；2006年，发布并实施《云南省电子政务管理办法》，该办法对电子政务财政支持和绩效评估制度做了明确规定，是全国首部将电子政务绩效评估立法化的政府制度；2008年，颁布《云南省信息化促进条例》，为信息化及电子政务建设提供了理论依据。

④门户网站建设。截至2009年年末，云南政府部门共建立门户网站10694个，政府公开信息累计达88.94万条，受理申请公开信息累计2万余件。

4.1.3　浙江省智慧政务建设现状

(1) 浙江省智慧政务建设背景

改革开放以来，与经济社会巨大成就相伴随的是各种更加复杂的社会问题，如交通拥堵、食品安全、群体事件、城乡差距等，都有待政府去解决。政府虽然已经做了部分调整，如大部制改革、行政审批流程简化等，缓解了转型期的各种社会矛盾，但是还未摆脱条块分割、沟通不畅、各自为政，缺乏交流和合作的处境。碎片化的政府导致信息壁垒，资源得不到优化，尤其是需要合作的项目完成效率低。

随着公民社会的发展，公民表达需求强烈。诸如信息公开、网络问政、网络反腐等问题，不仅考验政府全面把握信息的视野和对民意回应的能力，也是公民的力量在"倒逼"政府行为和执政方式变革。公民社会的壮大和发展，预示着政府和公民、社会关系的重新梳理和调整，也意味着政府不仅要保障公民的基本权益和合法权益，为公民提供更好的管理和服务的发展趋势也越来越明显。

智能时代已经来临。数据无处不在、无时不有、数量巨大、来源多样，大数据时代的特征正在显现。越来越多的电子产品和互联网融合应用，公民的活动痕迹无处不在，从信用卡到驾驶路线，公民成了自己活动痕迹的记录者和暴露者，甚至串联起公民的整个人生。各种智能技术的应用日趋频繁和广泛，政府治理显得力不从心。出于大数据数量大、类型多、变化快和价值高的特点，政府天生具有"大数据"特征，因此，政府有可能是对智能技术最感兴趣的主体之一。

从2009年开始，我国智慧城市建设开始兴起，并且都提出了明确的建设目标，取得了一定成就，而城市"智慧化"意味着政府必须首先"智慧化"，加之上述背景，一种新的治理方式——智慧政务悄然兴起。智慧政务是大数据时代新的治理方式，要求政府变革传统的治理方式，政府管理和公共服务提供不再以政府为中心。政府的管理方式和服务方式向智慧化方向发展，旨在与社会环境协调发展。

我国电子政务启动迅速，电子政务建设经过多年的努力，取得了一定成效，但总体还处于初级阶段。由于缺乏统一规划，信息化面临着应用系统分散建设、独立开发，功能交叉、标准不统一等问题，迫切需要在梳理以往信息技术及标准的基础上，建立满足政府部门管理要求，有利于改革，支撑系统一体化建设的电子政务系统标准化体系。所以建立和健全标准化体系对于电子政务建设是必要和必需的。

浙江省智慧城市标准化建设五年行动计划指出，智慧政务标准化推进工程需要：①建立健全智慧政务标准体系，构建包括应用业务、应用支撑、网络基础设施、信息安全、管理、服务等内容的标准体系；②重点开展数据交换、传输、数据处理、安全、工程与业务流程、网上服务、云计算平台、业务平台、应用服务、运行管理等标准的制修订。预期目标是，建立健全智慧政务标准体系，制定一批智慧政务关键标准，提升全省智慧政务水平。

（2）浙江省智慧政务建设意义

以往的政府管理往往都是用增量的办法解决问题，用集中的运动方式弥补常规治理的失灵，难免陷入"头痛医头，脚痛医脚"的怪圈。而基于大数据技术的智慧政务改变的是解决问题的框架，即通过搭建一个数据的、物联的、智能的智慧平台，最大限度地发挥公共资源的价值，跨越时空的限制，以可控、可预测的方式化解原来的难题，理顺运作机制，创新管理方式。

推广智慧政务有利于推动管理和服务的现代化转型。智慧政务的应用就是要最大限度地实现数据资源的价值，实现信息共享和使用，实现单兵作战管理向协作共享管理转型；依托智能平台形成线上和线下多种渠道并行的服务大格局，实现柜台式服务向自助式全天候服务转型；将智能技术的预测、整合和分析功能引进公共服务中，有针对性地对目标群体提供多项主动服务，实现被动响应服务向主动预见型服务转型；建立智慧政务信息监控体系，对公共项目、公共服务和人员进行全程分析监控，实现风险隐蔽管理向风向防范管理转型。

推广智慧政务有利于政府部门提高科学决策能力。政府决策一经出台，影响广泛，会涉及社会各个方面利益的格局的调整。随着公共管理事务的日益复杂，仅凭个人经验已经很难全面了解事态的全貌并做出正确的判断。智慧政务"用数据说话"，为决策提供科学的依据、分析和规律，做出科学的决策；实时、批量和精准地处理业务，智能辅助决策，提高行政效率；根据实际需求和公共体验，提供相应的决策信息反馈机制、决策调控纠偏机制，跟踪决策实施，持续改进公共管理和服务。

推广智慧政务有利于建设以人为本的服务型政府。利用现代智能技术，智慧政务一方面能实时、全面地感知和预测公众所需的各类服务和信息，及时发现需求热点，为公众提供更加智能化的便民服务；另一方面，对公共需求的多维度多层次细分，把参差不齐的需求转变为对需求细节的感知，使公共服务更精准、更个性化。政府还能通过实时数据传送和分析，实现第一时间响应公共诉求、快速处理公共事件、尽快平息公共情绪，由事后响应转变为事中响应和事前预测，有利于提高应急能力和提升公众满意度。

智慧政务作为智慧城市建设的核心，其实质是政府机构在科学发展观的指导下，合理运用智能网络通信、大数据、云计算、物联网等技术，整合优化公共资源以及政府管理和服务职能，实现行政效率提高、政府运作流畅，使得公共管理和服务满意度大幅度提高、社会经济综合效益提升。因此，探索一套智慧政务的操作模型，更好地运用大数据技术、云端技术等优化政府管理和公共服务，对我国政府治理方式和社会经济发展具有重要意义。

经过多年的发展，中国电子政务建设在改善公共服务、加强社会管理、强化综合监管、完善宏观协调等方面发挥着越来越重要的作用。与此同时，影响电子政务进一步发展的各类体制机制约束依然存在。因此，利用现代信息通信技术革命的机遇，使传统的电子政务向智慧政务方向发展，已成为贯彻落实科学发展观、加快转变经济发展方式的必然要求。

电子政务的建设需要在分布式的网络环境下将大量的数据信息与系统进行综合集成，使得不同信息及信息系统之间的数据在最大程度上实现协同操作。在这个过程中，政务信息的标准化是问题的关键，也是极为重要的基础性工作。如果在建设过程中缺少了政务信息标准化，不同部门与不同接入单位之间的信息系统就难以很好地兼容，从而导致各种数据的传输与共享受到很大的限制，影响整个电子政务系统平稳、高效地运行。最终不仅达不到预想的效果，还会在整个系统建设的过程中浪费大量的资源、经费与时间，得不偿失。因此，电子政务的标准化体系建设是其整体应用能否取得良好效果的关键因素之一。

标准化作为一种科学的管理手段，在智慧政务建设的过程中起着至关重要的作用，是确保智慧政务各功能系统之间互联互通、信息共享、协调运作、安全可靠的基础。统一标准能够减少电子政务建设中不必要的重复和盲目性。只有做好智慧政务的标准化建设，才能通过电子政务实现政府组织结构和工作流程的优化重组，超越时间、空间和部门分隔的限制，建成一个精简、高效、廉洁、公平的政府运作模式，全方位地向社会提供优质、规范、透明、符合国际水准的管理与服务。

（3）浙江省智慧政务建设情况

2013年中国省级政府管理效能排行榜显示，在电子政务网站的应用中，北京、江苏和浙江位居前三甲。2014年12月，浙江政务服务网荣获"最佳政务平台实践奖"。

浙江省是国家确定的国内首家标准应用试点省，2014年1月，丽水市作为全省首个智慧政务云计算服务安全标准应用试点（工信部信息安全协调司项目），在省指导组的指导、协调下开展课题研究工作，依据GB/T 31167 - 2014《信息安全技术云计算服务安全指南》和GB/T 31168 - 2014《信息安全技术云计算服务安全能力要求》等国家标准，进行了全方位、多层次的实践。例如，推出智慧丽水微信、科技项目申报、教育资源共享等一批"智慧政务"体验项目，依托"智慧微信"公共服务平台推进国家级卫生城市创建，让广大市民真切感受到"智慧政务"服务的优越性。

2015年，全国首个搭建于公有云平台，省市县三级采用一体化模式建设，以电信政务云为基础的网上政务服务平台——"浙江政务服务网"正式开通运行。它标志着一场以互联网思维和现代化信息技术推动政府职能转变的"自我革命"拉开序幕，同时也标志以智慧政府为重要领域的智慧城市建设在浙江省取得了较好发展。

4.2 智慧政务标准化建设

4.2.1 智慧政务标准化建设概况

智慧政务国家标准制修订工作经历从2001年开始进入高峰，2001—2005年共发布71项新标准，2006—2010年共发布62项新标准，占现行有效总数的62%。尤其是2001年我国加入WTO以来，国家持续加强各行业的标准制修订力度，因此智慧政务国家标准发布持续时间长，发布数量稳定。

经计算，213项智慧政务国家标准的平均标龄为16年，比我国国家标准的平均标龄长6年，比ISO标准的平均标龄4.9年长近15年。其中，标龄最长的为32年，标龄大于等于10年的标准有95项，占总数的44.6%；标龄小于等于5年的标准有76项，占全部国家标准的35.68%。

在213项国家标准中，有182项综合采用国际标准，占总数的85.84%；有51项实际采用国际标准，占总数的28.02%。其中等同采用为53项，占所有采标标准的29.12%；修改采用为30项，占所有采标标准的16.48%；非等效采用为19项，占所有采标标准的10.43%。主要采标来源是ISO标准，共有86项，占所有采标标准的47.25%；其他标准共有16项，占所有采标标准的8.79%。

总体来说，北京、上海地区的企业都十分重视标准制修订工作，上海地区参与制修订标准的企业数量甚至超过了非企业类组织，而浙江省参与标准制修订的情况不容乐观，尚无以第一起草单位身份制定的标准。

4.2.2 智慧政务标准化技术组织

全国（省级）标准化技术委员会是由生产、科研、教学、检验、用户等方面的专家、技术人员和管理人员组成的从事全国性（全省）标准化工作的技术组织，其主要任务是组织标准的制修订和维护工作。标准化技术组织包括专业技术委员会（TC）、分技术委员会（SC）和直属工作组（直属WG）。标准化技术组织是制定和维护标准的主要力量，其发展和壮大支撑着我国标准化事业的快速发展。

在电子政务建设上，国家成立了由国家信息化领导小组、电子政务建设协调小组、国务院信息化工作办公室等组成的三重领导体制，分别负责决策部署、研究协调、规划指导。多年来我国电子政务标准化工作是在国家标准化管理委员会和国务院信息化工作办公室的统一领导下，由"国家电子政务标准化总体组"组织实施的。国家电子政务标准化总体组是由国家标准化管理委员会和国务院信息化工作办公室共同领导的技术专家组织，聘请专家若干名，设组长1名、副组长2名。总体组的组织管理工作由组长、副组长负责。总体组下设秘书组和项目工作小组。秘书组是总体组的办事机构，负责总体组的日常事务；项目工作小组是临时组建的项目研究专家小组，设召集人1名、成员若干名，负责项目的研究开发工作。总体组的成员来自各级政府部门、各行业主管部门、科研院所和相关企业。总体组的职责是提出我国电子政务的标准体系框架和实施计划，组织制定电子政务建设标准，参与解决我国电子政务网络建设和应用过程中互联互通的问题。

截至2013年6月，我国与电子政务直接相关的已成立的相关标准化技术组织有全国林业信息数据标准化技术委员会（TC386）、全国信息技术标准化技术委员会（TC28）和国家电子政务标准化总体组。总体而言，我国电子政务的标准化技术组织建设方面的空白与缺口较大。随着行业不断发展的需要，加强电子政务标准化组织方面的建设也显得日益重要。

4.2.3 智慧政务标准化需求分析

（1）企业层面

1）实现电子政务系统的互联、互通和互操作

电子政务是一个复杂的系统工程，其中涉及很多系统部件的协同工作，而且涉及这些部件之间的操作接口。如果没有统一的接口标准和规范，则难以保证整个系统的正常运行。因此，国家电子政务的标准与规范建设的一个主要目标就是实现电子政务系统的互联、互通和互操作，确保在统一的接口标准规范下，来自不同厂商的产品和系统能够很好地协同工作，共同构建一个完整的电子政务系统平台。电子政务标准对电子政务发展能起到规范、引导的作用，以支持电子政务的顶层设计和工程建设。

2）保护自主知识产权的关键技术

在市场经济模式中，标准和规范历来是保护关键技术所有者权利的一种重要手段。在全球经济趋于一体化的情况下，由于我国 IT 产业整体水平较落后，采用标准化来保护自主知识产权的关键技术的重要性更为突出。在国家电子政务的建设中，由于考虑到促进国内相关技术的发展和系统安全方面的原因，特别强调自主知识产权的关键技术和产品在系统中的全面应用。在目前不少核心技术仍依赖国外的情况下，采用这些基于自主知识产权的技术为电子政务系统的正常运行提供全面安全的保障是十分重要的。而在电子政务的建设和推广以及产业发展的过程中，如何为这些自主知识产权的关键技术与产品提供有效的保护，也将成为一个很现实的问题。

3）促进相关技术产业化

由于电子政务业务处理需求的特殊性，电子政务系统在安全性和业务处理流程等方面与一般的业务系统具有较大的差异。标准和规范工作对电子政务相关技术的产业化的推动和促进作用是显而易见的。在统一的标准和规范框架下，可以允许更多的厂商参与市场和竞争，有利于在尽可能短的时间内形成基本的产业规模，有利于促进整个产业链条的闭合，有利于通过市场竞争来迅速降低产品的成本，借助于市场推广和应用最终完成技术的产业化工作。

（2）政府层面

1）实现行政管理现代化

电子政务标准化服务公众水平的提升，有助于建设服务型政府：提高政府内部的工作效率和透明度，促进政府内部有效组织和充分利用信息资源，开展各项电子政务活动；提高政府内部的管理效率、服务质量及决策水平，实现政府内部职能和管理模式的转变，实现行政管理现代化。

2）有利于精简政府机构

我国政府结构的纵向机构层级过多，容易造成管理脱节、信息不通等现象；横向机构管理职能交叠，容易造成机构臃肿、政出多门等现象。这种现象直接制约了我国电子政务标准化服务的进程。因此要跳出以往政府机构改革"精简—膨胀—再精简—再膨胀"的怪圈，应实施电子政务标准化服务，从而进一步减少我国政府服务的中间环节。

3）树立市场理念

在政府的传统体系中，是没有市场战略理念的。电子政务标准服务的对象应包含市场的成分。电子政务标准化服务在为市场服务的同时，市场可以为其提供发展必备的条件，快速发起或扩展业务和服务，通过更多途径提供基础设施或设备，引进专门技术和技能，更好地满足公民需要。

4）有效服务公众

电子政务标准化服务以公众为中心，其核心内容是信息时代的政府管理和服务的变革，政府网站不仅仅是一扇窗口，更是政府职能和服务的延伸。采用先进的信息技术，借鉴优秀的管理理念，政府网站应成为政府提供电子政务标准化服务的互动运作平台，协助其面向社会公众提供服务。标准的统一有助于大规模电子政务应用、系统接轨和不同网络系统间互联互通，有助于避免重复建设、减少浪费，是公民与政府之间、政府与政府之间互联互通、信息共享和业务协同的基础。

4.2.4 智慧政务标准体系框架研究

智慧政务标准体系包括政务总体标准、应用业务标准、应用支撑标准、网络基础设施标准、信息安全标准和管理标准（见图4.2）。

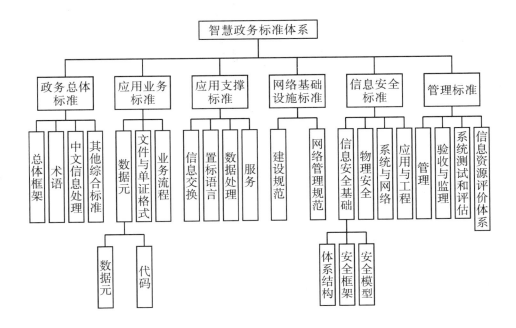

图4.2　智慧政务标准体系

政务总体标准包括电子政务总体性、框架性、基础性的标准和规范。

应用业务标准包括各种电子政务应用方面标准，主要有数据元、代码、电子公文格式和流程控制等方面的标准。

应用支撑标准包括为各种电子政务应用提供支撑和服务的标准，主要有信息交换平台、电子公文交换、电子记录管理、日志管理和数据库等方面的标准。

网络基础设施标准包括为电子政务提供基础通信平台的标准，主要有基础通信平台工程建设、网络互联互通等方面的标准。

信息安全标准包括为电子政务提供安全服务所需的各类标准，主要有安全级别管理、身份鉴别、访问控制管理、加密算法、数字签名和公钥基础设施等方面的标准。

管理标准包括为确保电子政务工程建设质量所需的有关标准，主要有电子政务工程验收和信息化工程监理等工程建设管理方面的标准。

4.3 智慧政务国家标准解读

4.3.1 信息安全技术云计算相关国家标准概况

(1) 研制目的

云计算在智慧政务中发挥着重要的基础支撑作用。智慧政务中各类智慧应用的承载和实现，需要云计算的数据计算与处理综合平台的有力支撑，可以极大改善资源部署及应用开发模式，实现统一的服务交付，从而提升资源利用率，减低智慧成本，深化城市智慧程度。

云计算标准化是云计算真正大范围推广和应用的前提。没有标准，云计算产业就难以得到规范、健康的发展，难以形成规模化和产业化集群发展。各国政府在积极推动云计算的同时，也积极推动云计算标准的制定工作。

GB/T 31167 – 2014《信息安全技术　云计算服务安全指南》和 GB/T 31168 – 2014《信息安全技术　云计算服务安全能力要求》两项国家标准于 2014 年 9 月 3 日正式发布，是我国发布的首批云计算服务安全方面的国家标准。标准编制组由国内知名高等院校、国内顶尖云服务提供商、国家标准研究机构和测评机构等单位的专家构成。标准编制组多次研讨、修改、征求意见，经过长达 3 年多时间的共同努力后，完成了标准的研制工作。这两项国家标准的出台推动了我国云计算服务朝着更加科学、安全、健康的方向发展，是支撑我国云计算服务网络安全审查的重要标准。

(2) 研制原则

1) 参考国际国外标准

考虑到国内欠缺云计算安全标准的相关资料，为了有效应对信息安全贸易争端，在标准研制的过程中充分吸收了已有国际和国外云计算安全相关标准，保持与国际和国外标准的合理衔接，尽可能吸收国外云计算安全管理的经验。特别是考虑到"棱镜门"事件暴露出的国外产品和服务中潜在的安全风险，借鉴了国际上关于供应链信息安全管理的要求。除了 Fed RAMP 云计算安全基线外，还参考、吸收了国际标准草案 ISO/IEC 27017《基于 ISO/IEC

27002 的云计算服务应用的信息安全控制措施》以及国际云安全联盟发布的《云安全指南 V3.0》。

2）符合国内发展现状

标准的研制符合我国云计算产业发展的实际，技术上适当超前，引导云计算安全措施的应用。国际和国外云安全标准主要提出了通用要求，对云计算的特性反映不多，标准总体上保持技术中立，对疑难问题提出原则性总体要求，以指引技术进步。

3）提高标准的实效性

标准研制不仅关注安全功能要求，更关注安全保障要求。"安全保障"指安全功能实现的正确性和有效性，主要通过设计、生产、交付等过程中的安全控制予以实现。就如同国际通用准则刚刚引入中国时一样，我国企业对安全保障（security assurance）往往关注不够，但这对安全而言恰恰是至关重要的，也是我国企业与国外企业的差距所在。标准研制充分借鉴国外经验，提出了很多安全保障方面的能力要求。这并非是对国内企业设立的高门槛，而是国内企业必须努力的方向。

（3）联系与区别

GB/T 31167 – 2014《信息安全技术　云计算服务安全指南》和 GB/T 31168 – 2014《信息安全技术　云计算服务安全能力要求》两项国家标准构成了云计算服务安全管理的基础标准。

GB/T 31167 – 2014《信息安全技术　云计算服务安全指南》面向的主体是政府部门，主要提出了使用云计算服务时的安全管理要求。

GB/T 31168 – 2014《信息安全技术　云计算服务安全能力要求》面向的主体是云服务商，主要提出了云服务商在为政府部门提供服务时应该具备的安全能力。

4.3.2　《信息安全技术　云计算服务安全指南》

（1）研制背景

云计算服务可以使客户快速获得所需资源，不需要提前对资源需求做详细规划，让客户将注意力集中到业务功能，提高客户的创新能力。云计算能给客户带来巨大的成本效益，因此被看作新一代信息技术变革和业务应用模式变革的核心，备受业界和各国关注。各国政府、企业等均在积极实施、推进云计算采用计划。美国政府于2010年12月9日发布了云计算战略，颁布了改革联邦信息技术管理的25点实施规划。2011年2月8日，美国发布了"联邦云计算战略"，期望通过云计算来提高联邦信息资产的利用效率。

美国为了方便联邦政府部门安全地采用云计算服务，于2012年6月启动了联邦风险和授权管理计划（Federal Risk and Authorization Management Program，Fed RAMP）。Fed RAMP的核心思想是联邦政府统一对计划为联邦政府部门提供云计算服务的云服务商进行安全评估，将通过评估的云计算服务商保存到统一的信息库中。联邦政府部门需要采购云计算服务时，从该信息库中获取被认可的云计算服务，并根据本部门情况添加或删除一些安全需求，再针对自身的特殊安全需求开展安全评估，确定要采购的云计算服务。从Fed RAMP发布的信息来看，截至2015年4月，经过近3年的时间，有17项云计算服务获得了联合授权委员会（Joint Authorization Board，JAB）的认可（其中IaaS服务10项、PaaS服务3项、SaaS服务5项，有一项同时提供IaaS和PaaS服务）。

在云计算服务市场快速发展的同时，云计算所引入的新的安全风险也受到高度关注，比如客户对数据和业务的控制权部分转移、客户高度依赖云服务商等。因此，采用云计算服务时，需要认真规划、合理安排、加强管理，才能确保客户数据和业务在云计算平台上的安全性。

（2）研制目标和适用范围

《信息安全技术　云计算服务安全指南》（以下简称"指南"）指导政府部门做好采用云计算服务的前期分析和规划，选择合适的云服务商，对云计算服务进行运行监管，考虑退出云计算服务和更换云服务商的安全风险。其主要目标是指导政府部门在云计算服务的生命周期采取相应的安全技术和管理措施，保障数据和业务的安全，安全地使用云计算服务。

该指南为政府部门采用云计算服务特别是采用社会化的云计算服务提供全生命周期的安全指导，适用于政府部门采购和使用云计算服务，也可供重点行业和其他企事业单位参考。

(3) 主要内容

1) 云计算服务部署模式

根据使用云计算平台的客户范围的不同，可将云计算分成私有云、公有云、社区云和混合云四种部署模式。

A. 私有云

私有云云计算平台仅提供给某个特定的客户使用。私有云的云计算基础设施可由云服务商拥有、管理和运营，这种私有云称为场外私有云；也可由客户自己建设、管理和运营，这种私有云称为场内私有云。

B. 公有云

公有云云计算平台的客户范围没有限制。公有云的云计算基础设施由云服务商拥有、管理和运营。

C. 社区云

社区云云计算平台限定为特定的客户群体使用，群体中的客户具有共同的属性（如职能、安全需求、策略等）。社区云的云计算基础设施可由云服务商拥有、管理和运营，这种社区云称为场外社区云；也可以由群体中的部分客户自己建设、管理和运营，这种社区云称为场内社区云。

D. 混合云

上述两种或两种以上部署模式的组合称为混合云。

2) 云计算服务资源模式

云服务商提供三种资源类型的服务模式，分别是软件即服务（SaaS）、平台即服务（PaaS）、基础设施即服务（IaaS），如图4.3所示。

3) 云计算服务主要角色

云计算服务安全管理的主要角色及责任（见图4.4）详述如下。

A. 云服务商

为确保客户数据和业务系统安全，云服务商应先通过安全审查，才能向客户提供云计算服务；积极配合客户的运行监管工作，对所提供的云计算服务进行监视，确保持续满足客户的安全需求；合同关系结束时，应满足客户数据和业务的迁移需求，确保数据安全。

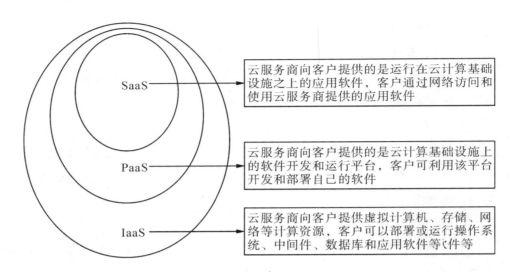

SaaS —— 云服务商向客户提供的是运行在云计算基础设施之上的应用软件，客户通过网络访问和使用云服务商提供的应用软件

PaaS —— 云服务商向客户提供的是云计算基础设施上的软件开发和运行平台，客户可利用该平台开发和部署自己的软件

IaaS —— 云服务商向客户提供虚拟计算机、存储、网络等计算资源，客户可以部署或运行操作系统、中间件、数据库和应用软件等件等

图4.3 云计算服务的三种模式

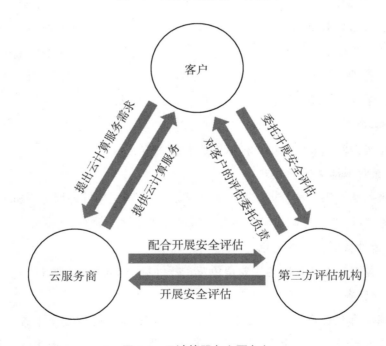

图4.4 云计算服务主要角色

B. 客户

客户从已通过安全审查的云服务商中选择适合的云服务商。客户需承担部署或迁移到云计算平台上的数据和业务的最终安全责任；客户应开展云计算服务的运行监管活动，根据相关规定开展信息安全检查。

C. 第三方评估机构

第三方评估机构对云服务商及其提供的云计算服务开展独立的安全评估。

4）云计算服务生命周期

客户采用云计算服务的过程可分为四个阶段：规划准备、选择服务商与部署、运行监管、退出服务（见图4.5）。

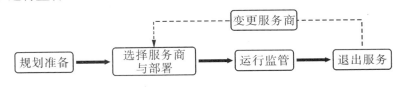

图4.5　云计算服务的生命周期

A. 规划准备阶段

在规划准备阶段，客户应分析采用云计算服务的效益，确定自身的数据和业务类型，判定采用云计算服务是否适合，根据数据和业务类型确定云计算服务的安全能力要求以及根据云计算服务的特点进行需求分析，形成决策报告。

B. 选择服务商与部署阶段

在选择服务商与部署阶段，客户应根据安全需求和云计算服务的安全能力选择云服务商，与云服务商协商合同（包括服务水平协议安全需求、保密要求等内容），完成数据和业务向云计算平台的部署或迁移。

C. 运行监管阶段

在运行监管阶段，客户应指导监督云服务商履行合同规定的责任义务，指导督促业务系统使用者遵守政府信息系统安全管理政策及标准，共同维护数据、业务及云计算环境的安全。

D. 退出服务阶段

在退出云计算服务时，客户应要求云服务商履行相关责任和义务，确保退出云计算服务阶段数据和业务安全，如安全返还客户数据、彻底清除云计算平台上的客户数据等。

需变更云服务商时，客户应按要求选择新的云服务商，重点关注云计算服务迁移过程的数据和业务安全，同时要求原云服务商履行相关责任和义务。

5）云计算服务关键业务流程

A. 明确信息类型

客户将信息部署或迁移到云计算平台之前，应先明确信息的类型。标准对政府信息进行了定义，指政府机关（包括受政府委托代行政府机关职能的机构）在履行职责过程中或政府合同单位在完成政府委托任务过程中产生和获取的，通过计算机等电子装置处理、保存、传输的数据以及相关的程序、文档等。

标准将非涉密政府信息分为敏感信息、公开信息两种类型，并对敏感信息、公开信息的概念和范围进行了阐述。客户应参考标准，明确部署到云计算平台上的非涉密信息是敏感信息还是公开信息。

B. 明确业务类型

确定了信息类型后，还需要对承载相关信息的业务进行分类。标准根据业务不能正常开展可能造成的影响范围和程度，将政府业务划分为一般业务、重要业务、关键业务三种类型，并分别对三种类型业务的概念和参考条件进行了阐述，用于指导客户确定部署到云计算平台上的业务类型。

C. 明确云计算服务优先级

在客户确认自身信息类型和业务类型的基础上，综合平衡采用云计算服务后的效益和风险，确定部署到云计算平台的优先级（见图4.6）。

由于云计算技术还在不断发展，标准根据现在云计算技术发展的情况，明确要求：承载公开信息的一般业务可优先采用云计算服务；承载敏感信息的一般业务和重要业务以及承载公开信息的重要业务，也可采用云计算服务，但宜采用安全特性较好的私有云或社区云；关键业务系统暂不宜采用社会化的云计算服务，但可采用场内私有云（自有私有云）。

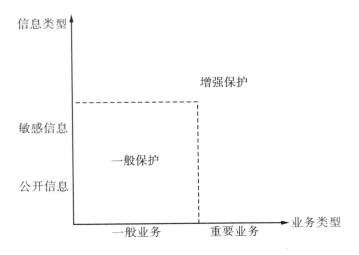

图4.6　云计算服务的优先级

D．明确安全保护等级

不同类型的信息和业务对安全保护有不同的要求，客户应要求云服务商提供相应强度的安全保护（见图4.7）。

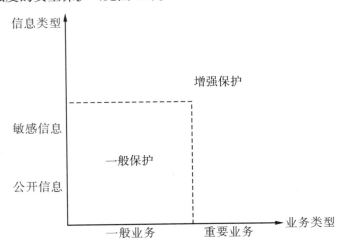

图4.7　云计算服务的安全保护

对云计算服务的安全能力要求如下：承载公开信息的一般业务需要一般安全保护要求；承载敏感信息的一般业务和重要业务以及承载公开信息的重

要业务需要增强安全保护。关于一般安全保护和增强安全保护的具体指标要求详见 GB/T 31168 – 2014《信息安全技术 云计算服务安全能力要求》。

E. 需求和风险分析

客户前期规划准备阶段除了考虑信息和业务的类型外，还应该考虑其他重要因素，包括服务模式，部署模式，功能需求的稳定性和通用性，资源的动态需求特点、时延、业务持续性、可移植性和互操作性，数据的存储位置以及监管能力等需求，针对不同的需求分析可能面临的安全风险，并提前考虑风险规避的方法和措施，以保障部署在云计算平台的数据和业务安全。

F. 第三方测评审查

客户选择云服务商时应考虑其是否具有为客户数据和业务系统提供安全保护的能力。云服务商具备的安全能力由第三方测评机构进行测评，并通过云计算服务网络安全审查。客户须选择已经通过安全审查的云服务商，即遵循"先审后用"的原则。

G. 明确合同条款

云计算服务合同是规范服务内容、服务质量要求、安全要求、客户和云服务商责任等的重要依据，在合同中应有条款明确规定采购的云计算服务内容、采用的服务模式和部署模式、云服务商在各阶段应提供的服务内容、服务水平要求、计费方式与支付方式、客户与云服务商各自的责任与义务、安全需求、违约责任、知识产权、法律与争议解决、合同变更等方面内容。尤其是，合同中应有条款明确规定云服务商实现客户安全需求的具体措施、应完成的运行监管活动、应提交的运行监管材料、应提供的运行监管接口及应达到的具体性能指标等与信息安全问题密切相关的内容。根据客户数据和业务的敏感程度与重要程度，合同中还应强调客户数据的范围、客户数据的归属权、处置要求、保密要求等。客户还需要与云服务商以及可接触客户信息的云服务商内部员工签订保密协议，必要时对相关人员进行背景调查，并将保密协议作为合同附件。

H. 重视运行监管

客户采用云计算服务后，客户仍然是信息安全的最终责任人。因此，为了确保客户数据和业务在云计算平台上的安全，客户需要对客户数据和业务及其采用的云计算服务进行持续监管。客户应采用必要的技术、管理措施来了解部署在云计算平台上的数据和业务的运行状态、安全措施实施情况等信息，也可委托第三方机构运行监管的活动，以保障安全态势保持在客户可接受的范围内。

云计算服务由两个部分组成，其一是提供服务的"云端"，其二是接入服务的"客户端"。"云端"，即云计算环境的安全措施由客户和云服务商共同承担，具体负责范围由采用的云计算服务模式决定；"客户端"的安全措施由客户负责实施。因此，客户开展的运行监管工作可分为两个部分：对客户自己实施的安全措施进行监管；对云服务商实施的安全措施进行监管。后一项监管工作需要云服务商配合，比如，由云服务商提供监管接口、提交运行状态监视报告等。

I. 重视退出服务的安全风险

客户或云服务商方面的原因都可能导致客户终止或不续签合同，或选择退出正在使用的云计算服务。在客户退出云计算服务时会涉及迁移数据和业务系统、彻底删除存储在云计算平台中的数据等安全问题。退出云计算服务是一个复杂的过程，如果稍有不慎就会影响业务数据的完整性和安全性。故客户应高度重视云计算服务的退出可能面临的安全风险，提前规划云计算平台中的数据残留等环节，避免被云服务商"绑架"。

（4）总结

政府部门不再仅仅依靠自建数据库中心，而是通过采购云计算服务来实现政府核心业务，这将是未来发展趋势。在采购云计算服务的过程中，客户应该高度关注自身业务、数据的安全，在规划准备阶段做好安全风险分析，评估自身业务和数据的安全需求，在云计算服务的整个生命周期的各个环节采取必要的技术和管理手段，及时掌握云计算服务的安全态势。只有深刻理解标准内容，才能充分发挥云计算服务的优势，进一步提升各部门的业务能力。

4.3.3 《信息安全技术 云计算服务安全能力要求》

（1）研制背景

云计算是一种提供信息技术服务的模式。积极推进云计算在政府部门的应用，获取和采用以社会化方式提供的云计算服务，有利于减少各部门的重复建设，有利于降低信息化成本，提高资源利用率。

云计算的应用也带来了一些安全问题。例如：在云计算环境下，客户对数据、系统的控制和管理能力明显减弱；客户与云服务商之间的责任难以界定；数据保护更加困难；客户容易产生对云服务商的过度依赖，等等。由此产生了对云计算安全的需求，即云计算基础设施及信息网络的硬件、软件和系统中的数据受到保护，不因偶然或者恶意的原因遭到破坏、更改、泄露，系统连续可靠地正常运行，以及云计算服务不中断。

2014年5月，国家网信办宣布将实施网络安全审查制度，规定凡是关系到国家安全和公共利益的系统使用的重要信息技术产品和服务，都应通过网络安全审查。云计算服务安全审查制度是网络安全审查制度的组成部分。为了规范云服务商的安全责任，需要提出云计算服务安全能力要求，以加强云计算服务安全管理，保障云计算服务安全。国家标准委于2012年下达GB/T 31167－2014《信息安全技术 云计算服务安全指南》和GB/T 31168－2014《信息安全技术 云计算服务安全能力要求》两项国家标准的编制任务，已于2014年9月正式发布。本节对《信息安全技术 云计算服务安全能力要求》（以下简称《能力要求》）做全面解读。

（2）研制目标和适用范围

《能力要求》描述了以社会化方式为特定客户提供云计算服务时，云服务商应具备的信息安全技术能力。

本标准适用于对政府部门使用的云计算服务进行安全管理，也可供重点行业和其他企事业单位使用云计算服务时参考，还适用于指导云服务商建设安全的云计算平台和提供安全的云计算服务。

目前，云计算服务安全审查面向的是政府部门使用的云服务。从技术角度而言，《能力要求》也同样适用于重点行业，但这需要有专门文件对重点行业建立云计算服务安全审查制度做出规定。

云计算服务安全审查关注的是政府部门的业务和数据迁移到非受控的云环境后所面临的网络安全风险，政府部门如自建或自己运行云平台，则不在审查之列。因此，《能力要求》在"适用范围"中强调了"社会化方式"。

（3）主要内容

1）重点安全要求

《能力要求》反映了云服务商在保障云计算环境中客户信息和业务安全时应具备的基本能力。这些安全要求分为10类，每一类安全要求包含若干项具体要求。

A. 系统开发与供应链安全

云服务商应在开发云计算平台时对其提供充分保护，对信息系统、组件和服务的开发商提出相应要求，为云计算平台配置足够的资源，并充分考虑安全需求。云服务商应确保其下级供应商采取了必要的安全措施。云服务商还应为客户提供有关安全措施的文档和信息，配合客户完成对信息系统和业务的管理。

B. 系统与通信保护

云服务商应在云计算平台的外部边界和内部关键边界上监视、控制和保护网络通信，并采用结构化设计、软件开发技术和软件工程方法，有效保护云计算平台的安全性。

C. 访问控制

云服务商应严格保护云计算平台的客户数据，在允许人员、进程、设备访问云计算平台之前，应对其进行身份标识及鉴别，并限制其可执行的操作和可使用的功能。

D. 配置管理

云服务商应对云计算平台进行配置管理，在系统生命周期内建立和维护云计算平台（包括硬件、软件、文档等）的基线配置和详细清单，设置云计算平台中各类产品的安全配置参数。

E. 维护

云服务商应维护云计算平台设施和软件系统，并对维护所使用的工具、技术、机制以及维护人员进行有效的控制，且做好相关记录。

F. 应急响应与灾备

云服务商应为云计算平台制订应急响应计划，并定期演练，确保在紧急情况下重要信息资源的可用性。云服务商应建立事件处理计划，包括对事件的预防、检测、分析和控制及系统恢复等，对事件进行跟踪、记录并向相关人员报告。云服务商应具备容灾恢复能力，建立必要的备份与恢复设施以及相应机制，确保客户业务可持续。

G. 审计

云服务商应根据安全需求和客户要求，制定可审计事件清单，明确审计记录内容，实施审计并妥善保存审计记录，对审计记录进行定期分析和审查，还应防范对审计记录的非授权访问、修改和删除行为。

H. 风险评估与持续监控

云服务商应定期或在威胁环境发生变化时，对云计算平台进行风险评估，确保云计算平台的安全风险处于可接受水平。云服务商应制定监控目标清单，对目标进行持续安全监控，并在发生异常和非授权情况时发出警报。

I. 安全组织与人员

云服务商应确保能够接触客户信息或业务的各类人员（包括供应商人员）上岗时具备履行其安全责任的素质和能力，还应在授予相关人员访问权限之前对其进行审查并定期复查，在人员调动或离职时履行安全程序，对违反安全规定的人员进行处罚。

J. 物理与环境保护

云服务商应确保机房位于中国境内，机房选址、设计、供电、消防、温湿度控制等符合相关标准的要求。云服务商应对机房进行监控，严格限制各类人员与运行中的云计算平台设备进行物理接触，确需接触的，需获得云服务商的明确授权。

2）重要创新点

A. 落实安全措施实施责任

《能力要求》与其他标准的一个重大区别是，传统的信息安全指标的实施主体明确，如由用户负责或由服务商负责。但在云环境下，安全措施的实施主体情况十分复杂。为此，《能力要求》划分了不同模式下安全措施的责任边界。云计算环境的安全性由云服务商和客户共同保障。在某些情况下，云服务商还要依靠其他组织提供计算资源和服务，其他组织也应承担安全责任。因此，云计算安全措施的实施主体有多个，各类主体的安全责任因不同的云计算服务模式而异。

服务模式与控制范围的关系如图4.8所示，云计算的设施层（物理环境）、硬件层（物理设备）、资源抽象控制层都处于云服务商的完全控制下，所有安全责任由云服务商承担。应用软件层、软件平台层、虚拟化计算资源层的安全责任则由双方共同承担，越靠近底层的云计算服务（即IaaS），客户的管理和安全责任越大；反之，云服务商的管理和安全责任越大。

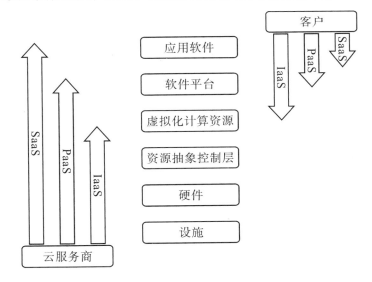

图4.8　服务模式与控制范围的关系

考虑到云服务商可能还需要其他组织提供的服务，如SaaS或PaaS服务提供商可能依赖于IaaS服务提供商的基础资源服务。在这种情况下，一些安全措施由其他组织提供。因此，云计算安全措施的实施责任有4类，如表4.1所示。

表4.1　云计算安全措施的实施责任

责任	示例
云服务商承担	在SaaS模式中,云服务商对平台上安装的软件进行安全升级
客户承担	在IaaS模式中,客户对其安装的应用中的用户行为进行审计
云服务商和客户共同承担	云服务商的应急演练计划需要与客户的应急演练计划相协调,在实施应急演练时,需要客户与云服务商相互配合
其他组织承担	有的SaaS服务提供商需要利用IaaS服务提供商的基础设施服务,相应的物理与环境保护措施应由IaaS服务提供商予以实施

《能力要求》不对客户承担的安全责任提出要求。客户应参照《信息安全技术　云计算服务安全指南》及其他有关信息安全的标准规范落实其安全责任。

如云服务商依赖于其他组织提供的服务或产品,则其承担的安全责任直接或间接地转移至其他组织,云服务商应以合同或其他方式对相应安全责任进行规定并予以落实。但是,云服务商仍是客户或主管部门开展云计算服务安全管理的直接对象。

B. 明确安全措施作用范围

在同一个云计算平台上可能有多个应用系统或服务,某些安全措施应作用于整个云计算平台。例如,云服务商实施的人员安全措施适用于云计算平台上每一个应用系统。这类安全措施称为通用安全措施。

某些安全措施则仅针对特定的应用或服务,例如云计算平台上电子邮件系统的访问控制措施与字处理系统的访问控制措施可能不同。这类安全措施称为专用安全措施。在特殊情况下,某些安全措施的一部分属于通用安全措施,另一部分则属于专用安全措施,例如云计算平台上电子邮件系统的应急响应计划既要利用云服务商的整体应急响应资源(如应急支援队伍),也要针对电子邮件系统的备份与恢复做出专门考虑,这类安全措施称为混合安全措施。

云服务商申请为客户提供云计算服务时,所申请的每一类云计算应用或服务均应实现本标准规定的安全要求。云服务商可以不再重复实现通用安全措施，平台上每个具体的应用系统或服务直接继承该安全措施即可。

C. 划分安全要求表述形式

根据云服务商的安全能力水平，《能力要求》将安全要求分为一般要求和增强要求。标准中每一项安全要求均以一般要求和增强要求的形式给出。增强要求是对一般要求的补充和强化。在实现增强要求时，一般要求应首先得到满足。

政府部门应对拟迁移至云计算平台的数据和业务系统进行分析，按照数据和业务的敏感及重要程度选择相应安全能力水平的云服务商。

《能力要求》与现有国家信息安全等级保护标准GB/T 22239 - 2008《信息系统安全等级保护基本要求》不矛盾、不冲突、不重复。云服务商应当首先满足GB/T 22239 - 2008 的要求。《能力要求》可与GB/T 22239 - 2008 一起使用，未修改或降低等级保护标准所规定的要求。编制组建议，安全能力为一般级的云服务商应当首先满足等级保护二级的安全要求，安全能力为增强级的云服务商应当首先满足等级保护三级的安全要求。

D. 安全要求的调整

《能力要求》提出的安全要求是通常情况下云服务商应具备的基本安全能力。

在具体的应用场景下，云服务商有可能需要对这些安全要求进行调整。例如：①已知某些目标政府用户有特殊的需求；②云服务商的安全责任因SaaS、PaaS和IaaS这三种不同的云计算服务模式而不同，云服务商为了实现标准中规定的安全要求，所选择的安全措施的实施范围、实施强度可能不同；③出于成本等因素考虑，云服务商可能希望实现替代性的安全要求；④云服务商希望表现更强的安全能力，以便于吸引客户。

调整可视为对本标准提出的基本安全能力要求的具体化。调整的方式有：①删减：未实现某项安全要求，或只实现了某项安全要求的一部分；②补充：某项基本安全要求不足以满足云服务商的特定安全目标，故增加新的安全要求，或对标准中规定的某项安全要求进行强化；③替代：使用其他安全要求替代标准中规定的某项安全要求，以满足相同的安全目标。

E. 安全计划模版

为便于评估，编制组还研究制订了安全计划模板，可作为云计算安全评估的重要依据。云服务商应在安全计划中详细说明对《能力要求》提出的安全要求的实现情况，并对"赋值"和"选择"给出具体的数值或内容，必要时还需对标准提出的安全要求进行调整。

当云计算平台提供多个应用或服务时，云服务商应分别制订每个应用或服务的安全计划。

（4）总结

《能力要求》不但是我国首项云计算服务安全国家标准，也是我国网络安全审查的第一份技术支撑文件。这项标准指出了网络安全审查工作的重点模块；不但涉及安全功能，还涉及保障过程；不但涉及产品和服务自身，还涉及开发商、供应商的背景。其最终目的是全面提高云计算服务的可信度、可控度和透明度。因此，《能力要求》是完善智慧城市标准化的一项重要标准。

第5章　智慧电动汽车标准化理论实践

5.1　智慧电动汽车建设现状

5.1.1　国外智慧电动汽车建设情况

（1）德国智慧电动汽车建设概况

柏林的目标是成为欧洲领先的电动汽车大都市。2011年3月，柏林提出"2020年电动汽车行动计划"，其中一个重要的项目是奔驰smart的car2go项目。在该项目中，注册用户可以在大约250平方公里的区域内租用到配备了智能熄火/启动系统、空调和导航系统的smart fortwo车辆，并根据自己的意愿长时间驾驶这些汽车，然后在运营区域内的任何公共停车场归还汽车。此外，car2go还面向iPhone用户推出了一款car2go应用，用户可以通过该应用查询附近可用的car2go车辆信息。目前，柏林—勃兰登堡首都地区是德国最大的电动汽车"实验室"，也是少数拥有220个公用充电桩的德国城市。

德国智慧城市建设给我们的经验和启示包括以下几点。

①德国在智慧城市的建设过程中，都有专门的机构负责，或是政府部门，或是政府部门特意成立的下属机构。

②政企合作。德国城市一般会选择政府和企业合作的模式。

③多方出资。在德国智慧城市建设项目中，根据提出某项目主体的不同，会有不同的资金来源，如欧盟、联邦政府、州政府、市政府以及相关企业。

④因地制宜。每个城市在建设智慧城市的时候应充分认识到其建设的长期性和复杂性，充分考虑当地的资源禀赋、经济水平、产业基础、信息化水平、市民素质等各种因素。

⑤务求实效。相比国内对智慧城市的追逐和热捧，德国对智慧城市的认

识更加理性和务实。要充分考虑市民生活质量的改善和城市竞争力的提升，不能盲目跟风、做表面文章。

⑥以人为本。应把满足广大人民群众的利益作为核心宗旨，最大限度地满足人们在城市生活中的物质需求、精神需求和感官享受，把提升市民的生活幸福指数作为城市信息化建设的核心目标，真正把百姓需求和幸福感受放在第一位。

（2）美国智慧电动汽车建设概况

2010年，美国首次将新能源汽车提到国家战略层面，明确提出到2015年实现美国道路上行驶的插电式电动汽车达到100万辆的目标。在研发支持方面，2009年8月，奥巴马政府宣布拨款24亿美元，用于补贴新型新能源汽车及其电池、零部件的研发，来自25个州的48个项目获得了这笔资金，逐渐形成了以税收优惠、财政补贴、研发支持、政府采购为主的新能源汽车扶持政策。美国负责新能源汽车标准制修订的主要机构为美国机动工程师协会，美国国家标准协会（ANSI）也涉足这一领域。

（3）日本智慧电动汽车建设概况

1971—1976年，日本通产省向政府提出发展新能源汽车的建议，因此创建了日本电动汽车协会（JEVA），专门负责新能源汽车标准化的研究与标准的制定。从20世纪80年代至今，日本电动车辆协会先后发布了有关新能源汽车的60多项标准，形成了比较完整的纯电动汽车与混合动力汽车标准法规体系，JEVA也在不断完善其标准体系。

2010年4月，日本公布了"新一代汽车战略2010"，提出到2020年，在日本销售的新车中，实现电动汽车和混合动力汽车等"新一代汽车"总销量比例达到50%的目标，并计划在2020年前建成200万个普通充电站、5000个快速充电站。该战略主要侧重于蓄电池、充电连接器与系统、智能电网等方面的国际标准化工作。

5.1.2 国内智慧电动汽车建设情况

我国电动汽车产业已进入快速发展新阶段。为适应电动汽车产业的迅猛发展，近年来，我国各地纷纷建立电动汽车充电站。2009年11月，国内首座电动汽车师范充电站——上海漕溪电动汽车充电站——通过专家验收。

2012年我国各大主要城市纷纷加紧电动汽车充电站的建设，中国电动汽车充换电智能服务网络建设进入快速发展时期，目前已成为建成运行充换电站及充电桩数量最多的国家。到2012年年底，中国已建成充换电站243座，交流充电桩13283个。

2013年国务院发布了《节能与新能源汽车产业发展规划（2013—2020年）》。按照规划，到2015年，充电动汽车和插电式混合动力汽车累计产量力争达到50万辆；到2020年，纯电动汽车和插电式混合动力汽车生产能力达200万辆，累计产量超过500万辆，燃料电池汽车、车用氢能源产业与国际同步发展。

（1）上海智慧电动汽车建设概况

新能源公交线达30多条，上海以2010年世博会为契机，围绕"世博园区零排放、周边低排放"的目标，推广使用新能源汽车。2009年，上海已进入商业化运行的新能源汽车公交线路有30多条。

上海私人购买新能源汽车的补贴方案已经上报国家相关部委，上海在国家补贴的基础上，对私人购买插电式混合动力汽车追加2万元补贴，对纯电动汽车的追加额度则有望到达4～5万元。除了对私人购车追加补贴之外，上海还将对充电站等配套设施建设给予一定的资金支持；对从事新能源汽车动力电池租赁业务的企业，给予贷款贴息支持。

（2）北京智慧电动汽车建设概况

北京在新能源示范运行方面走在其他城市前面。北京市人民政府在新能源汽车采购方面给予了政策性资金倾斜。2009年，用于纯电动汽车、混合动力汽车的市场财政经费达5.5亿元。电动车辆国家工程实验室已在北京理工大学揭牌，实验室建设项目以电动车辆整车技术为主线，目标是最终建设成为一个国家级电动车辆试验与检测基地，推动新能源汽车的产业化进程。

（3）武汉智慧电动汽车建设概况

武汉建成首座电动汽车充电站，该站位于武汉经济技术开发区三角湖，占地5亩多。充电站内配置有2台大型支流充电机、4台中型支流充电机，以及8个交流充电桩。站内同时建有供电营业厅，市民还可在此缴纳电费等。

到 2020 年，新动力汽车产能力争达到 60 万辆，销售完成 50 万辆，其中，中、高端混合动力客车、充电式混合动力（PHEV）公交车和可快速更换电池组纯电动公交车将成为新动力汽车发展重点之一。

（4）大连智慧电动汽车建设概况

大连市利用作为国家新能源汽车"十城千辆"城市试点的有利条件，全力引进汽车整车、零部件和新能源汽车项目。2010 年 9 月，大连奇瑞汽车整车项目开工建设，项目一、二期总投资 100 亿元。一期产能 30 万辆，二期产能 30 万辆，于 2015 年全部建成并投产。截至 2015 年年底，大连市已经投放的新能源汽车数量超过 2000 辆，主要公共停车场充电桩超过 1100 个，进一步满足了居民的充电需求，推进了新能源汽车发展。

（5）南昌智慧电动汽车建设概况

江西省电力公司 2010 年在南昌市投资建设 1 座中型充电站及 150 个充电桩，为电动汽车用户提供专业化的充电配套服务，包括电池租赁、电池充换及检测维护等。江西省电力公司表示，将视南昌市电动汽车保有量逐步加大充电设施建设资金投入，充分满足南昌市电动汽车发展的需要。

（6）天津智慧电动汽车建设概况

天津市作为国家电网公司首批电动汽车试点应用的七个省市之一，自 2006 年开始就参与了电动汽车的研究与发展工作，并承担了国家电动汽车"863"计划的子课题任务，取得了电动汽车示范运行监控管理系统等关键技术成果。目前已有 22 辆纯电动汽车试点运行，已建成占地 2000 平方米的华明镇大型电动汽车充电站，配电设备总容量 1000 千伏安，配套充电机、交直流充电桩等设备及充电、监控、计量收费等相关系统，站内设有 2 个大型车位、6 个中型车位和 3 个小型车位，可同时满足 11 辆电动汽车的供电需求。2010 年，天津市电力公司按照国家电网公司统一安排，快速推进 5 座充电站和 100 个充电桩的建设及应用，覆盖天津市全市范围。

5.1.3　浙江省智慧电动汽车建设现状

（1）浙江省智慧电动汽车建设背景

党的十八大明确提出"促进工业化、信息化、城镇化、农业现代化同步发展"的战略之后，智慧城市作为一种城市管理新模式在全国上下迅速达成共识，国内正在掀起一股智慧城市建设的热潮。

2012 年 8 月 24 日，第六期建设主题沙龙活动在浙江省电力公司举行。时任浙江省副省长毛光烈出席活动并讲话，指出电动汽车动力服务网络是国家电网公司和浙江省电力公司对浙江新兴产业发展和城市节能减排的重大支持，推动了杭州电动汽车的推广和应用，并使其在国内取得了重要影响；建立在新的物联网基础上的电动汽车动力服务网络对新能源服务装备和服务模式具有重要意义，希望进一步扩大电动汽车动力服务网络的规模，助推智慧城市建设。

浙江省电力公司承担了浙江省智慧城市建设试点项目——电动汽车动力服务网络建设，近年来，浙江省电力公司探索构建了"集中充电、统一配送、灵活换电、广域覆盖、里程计费、专业营运的电动汽车动力服务网络"的商业运营模式，于 2011 年年初建成国家电网公司智能充换电服务网络浙江示范工程，年底完成苏沪杭省际示范工程建设，2012 年 5 月实现杭嘉湖金绍五地互联运行。

(2) 浙江省智慧电动汽车建设意义

2012 年 9 月 5 日，《电动汽车动力智慧服务项目建设实施方案》通过评审。专家认为，浙江省"电动汽车动力智慧服务"项目推动了本省新能源电动汽车产业的发展，整合了浙江省电动汽车智能充换电站服务网络资源，提高了充换电站服务网络效率，保障了电动汽车可靠安全运行，为用户提供了更加便捷的服务，并带动了相关产业的集聚发展。

(3) 浙江省智慧电动汽车建设情况

2015 年 7 月，杭州市城管委在黄姑山横路—天目山路段试点一种叫作"综合智能路灯杆"的项目。安装上这样的路灯杆后，人们不仅可以在其周边 80 米范围内无线上网，而且还可以通过收费的充电装置，给自己的电动汽车充电。

随着杭州电动汽车的推广，如何充电成了一大难题，依托路灯杆加装的长得像小灯箱的充电箱，能为电动汽车快速补充电力。今后，还可以通过手机 App 提前 15 分钟预约，预留出对应的充电车位。规模推广后，可快速形成充电网络，节省新建充电站的土地成本。

同时，浙江省电力公司拟建成智能电动汽车动力服务系统，系统按"一中心、二平台、四领域"思路研发部署，即构建省级电动汽车服务的应用数据中心，搭建电动汽车综合服务平台与智能分析平台，服务用户、运营商、车企和政府。系统以车辆、电池和充换电设施三大关键环节为重点，构建一体化的业务技术支撑平台，在智能互动、智能交通、智能规划、智能优化、智能客服、智能监控、智能结算和智能运检八大领域为用户提供智能、方便、快捷的充换电智能服务。2014年，浙江省电力公司建成充换电站28座，在全省累计建成充换电站156座、充电桩1024个，形成了以充换电站为骨干、以充电桩为补充的电动汽车动力服务网络，为电动汽车用户提供了便捷的充换电服务。

5.2 智慧电动汽车标准化建设

5.2.1 智慧电动汽车标准化建设概况

我国的电动汽车标准一直同步于产品研发的实际情况，部分标准适度超前。"九五"期间，我国电动汽车的研发产品主要是纯电动汽车，电动汽车标准委员会开展了纯电动汽车标准体系的研究，并组织制定了16项急需标准（其中整车标准7项、电机及控制器标准2项、动力蓄电池标准4项、充电机（站）标准3项），涵盖了电动汽车从整车到关键部件的标准，填补了我国电动汽车标准的空白，在电动汽车的研发及其性能评价方面发挥了非常大的作用。

"十五"期间，我国在混合动力电动汽车领域研发成果显著，相应的技术标准也不断完善，制定完成了6项混合动力电动汽车的标准、4项电动汽车共用的基础标准以及3项修订原有的纯电动汽车标准。随后，又根据国内技术发展情况对一些标准进行了修订补充和完善，最终电动汽车标准达到32项。在国内企业大量的验证试验的基础上，经过仔细、认真和充分的研究，最终制定了符合我国电动汽车技术水平状况和发展要求的相应标准。这些标准既考虑到了国外的相关先进标准，也与国内实际研发水平相适应。

"十一五"期间，我国启动了燃料电池电动汽车标准的制定工作，制定了燃料电池汽车术语、燃料电池汽车一般安全要求、燃料电池发动机性能测试方法、加氢车技术条件、燃料电池汽车加注装置、车载氢系统及燃料电池汽车最高车速等标准，并开展了其他相关标准的研究。同时还对原有的电动汽车、混合动力汽车的标准做了进一步的完善。

"十二五"期间，我国组织研究制定的标准包括动力电池结构形式及尺寸，电动汽车充电接口、充电站通用要求等技术标准，以及动力电池循环寿命等实验检测标准。

经过 4 个"五年计划"的研究和积累，我国电动汽车体系已基本建立，已发布了电动汽车标准 75 项，涵盖电动汽车基础通用、整车、关键总成（含电池、电机、电控）、电动附件、基础设施、接口与界面等各领域，基本可以满足现阶段电动汽车运营管理的需要。但这些标准还远不能满足电动汽车发展的需要，还要加大制定新标准和完善老标准的力度，要借鉴国外经验，实现与国际标准接轨。

(1) 智慧电动汽车标准化建设目标

1) 指导思想

以科学发展观为统领，以践行绿色环保与可持续发展为己任，积极落实节能减排政策，实施国家能源战略和"创业富民、创新强省"的战略，紧密围绕国家"节能与新能源汽车示范推广试点"规划，抓住电动汽车产业发展机遇，以市场需求为导向，以先进技术为支撑，以示范城市为依托，充分发挥自身资源优势，统一领导、科学规划、适度超前、分步实施，统筹布局充电基础设施建设，提高能源终端利用效率，积极引导、保障和服务于浙江省电动汽车的快速普及应用，服务战略性新兴产业发展和经济发展方式转变，全力建设"环境友好型"新能源城市交通服务功能体系。

A. 自主创新

发展电动汽车要依靠自主创新，掌握核心技术。根据混合动力、纯电动和燃料电池三种基本的电动汽车动力系统技术特征与发展阶段，灵活运用不同的自主创新方式，坚持以科技为支撑，以人才为根本，推动电动汽车技术的快速进步。

B. 重点突破

紧紧把握汽车动力系统电气化的战略转型方向，重点突破电池、电机、电控等关键核心技术，以及电动汽车整车关键技术和商业化瓶颈。

C. 协调发展

发展电动汽车是一项系统工程，在研发、示范和市场导入初期需要一个有利的政策环境。通过制定引导性政策，产、学、研、用和社会各方力量形成合力，构建中国特色的电动汽车产业发展环境，推动我国电动汽车产业快速、健康发展。

2）发展目标

A. 统筹规划、有序发展

充换电设施规划建设必须立足于满足电动汽车产业发展和电动汽车用户的充换电需求，与智能电网发展规划、电动汽车产业发展规划、城乡建设发展规划、交通干线规划等相关规划保持协调统一，统筹考虑配电网、市政建设及电动汽车发展布局等因素，结合智能电网建设，引导电动汽车智能充换电服务网络向规范化发展。

B. 需求导向、适度超前

通过分析电动汽车的发展方向、数量预测、运行区域及运行方式，确定充换电设施的建设类型、建设规模及建设位置。充换电设施属于基础设施，其建设应适度超前于电动汽车发展，以达到满足需求、培养市场的目的。

C. 网络布局、逐步扩展

针对电动汽车充换电需求的移动性和多样性，综合考虑各种约束因素及其负荷特点，充换电方式应以换电为主，以插充为辅，科学优化充换电设施布局，在发展初期力争形成局部智能充换电服务网络，随后逐步扩大网络规模，最终建成覆盖全省的智能充换电服务网络，提供规范优质的充换电服务。同时，注重掌握核心技术和标准体系建设，促进智能充换电服务网络规范有序发展。

D. 建设运营、统一标准

按照"统一标准、统一建设、统一标识、统一运营"的原则，开展浙江省电动汽车充换电服务网络的建设运营工作，并构建相关标准体系。

E. 依托公建、分层配送

电动汽车充换电服务网络的建设应尽可能以公共设施为布点单元，依托超市、体育馆、公共停车场等资源，利用先进的现代物流业、服务业等资源建立服务网络，实现电池分层转运、配送，使用户方便迅速地获得电能补充。

F. 依托干线、跨城互联

电动汽车城际交通充换电服务网络应以高速公路、国道等公路干线网络为基础，依托高速公路服务区资源，建设跨城市的城际网络，解决当前电动汽车电池续航能力有限的问题，有效确保电动汽车充换电站支持电动汽车跨地区运行，增强用户对电动汽车的信心。

G. 资源整合、协调发展

充换电设施不仅要实现与电动汽车、电网的良好互动，还应具备向电池配送、汽车销售等增值服务延伸发展的功能，以达到社会资源整合效益最大化的目的；同时以此为契机，大力发展新能源汽车产业链，寻求发展机遇。

H. 结合电网、提升效益

电动汽车充换电设施可根据其自身的特点，与高电压等级变电站的建设相结合，利用高电压等级变电站集中充换电，统一配送，形成服务网络，充分与智能电网建设相结合，实现降低线损、减少配网压力、提高电池梯次利用以及集中调峰蓄能等多方面功能，同时缓解城区充换电站建设用地紧张的矛盾，充分发挥综合效益。

（2）智慧电动汽车标准化需求分析

1）政府需求

"十三五"规划中指出，电动汽车能源供应基础设施产业建设标准化推进工程的责任单位为省电力公司，由省发改委、省经信委、省质监局等配合推进以下重点任务。

①建立健全该产业及建设标准体系。重点开展充换电基础设施建设、运营管理、技术支持的标准修订工作。

②抓好充换电基础设施建设标准制修订。重点开展电动汽车充放电设施设计规范、选址布局、供电方式、设备选型、施工要求、验收条件等标准制

修订，规范电动汽车充电设施建设。

③抓好运营管理标准制修订。重点开展电动汽车充放电设施的运行、操作流程和结算管理等标准制修订，确保电动汽车充放电设施的安全可靠运行。

④抓好技术支撑标准制修订。重点开展电动汽车充放电设备技术条件、基本参数、基本功能，以及充放电接口的技术指标、物理参数、通信协议和数据传输等标准制修订；重点开展充放电控制系统的基本功能、系统架构、数据模型、安全防护等方面标准制修订。

预期目标是，建立健全电动汽车能源供应基础设施产业建设标准体系，配合电动汽车充换电服务网络系统项目，制定一批充换电基础设施建设、运营管理、技术支撑等标准。

2）企业需求

从企业层面上讲，现有的电动汽车标准体系有必要进一步完善。一方面，企业要不断跟踪电动汽车新技术的发展，确保标准的技术内容先进，具有可操作性；另一方面，企业要不断研究新的标准项目。在动力蓄电池系统、充电接口与基础设施等方面，需要制定新的标准，整车安全性、排放等标准也需要根据技术进一步修订。技术研发、标准法规制定、管理与刺激政策相互协调并形成合力，促进电动汽车健康快速地发展。

3）第三方运营主体需求

第三方运营主题应探索以价值链为纽带的研发组织机制，建立"能源供应商—汽车厂商—电池电机厂商"跨产业技术创新联盟，组织承担面向大规模商业化示范需求的重点科技创新任务。

对于纯电动汽车（包括增程式、插电式电动汽车），结合其跨产业、跨行业的特点，融合汽车整车厂、动力电池企业、能源企业、网络运营商企业等方面的资源和力量，以实现电动汽车的商业价值为核心，以价值链为纽带，跨行业整合资源，建立新型的产业组织模式。

支持电动汽车技术与商业运营模式的集成创新，鼓励汽车企业、电池电机等关键零部件企业、能源基础设施企业以及示范应用城市紧密配合，积极探讨电动汽车的新型交通模式和新型商业化模式，实现纯电驱动汽车"技术融合、商业可行、协调发展"的新型产业机制的突破，研究和探索整车租赁、电池租赁等新型商业模式。

5.2.2　智慧电动汽车标准化建设现状

（1）历年标准制修订情况

自 2009 年以来，国家加强了电动汽车行业标准的制修订力度，在 2009—2012 年期间一共制修订了 37 项国家和行业标准，占全部标准总数的 57%，预示着电动汽车产业开始进入了发展期。我们可以看出，当前建立一个健全和有效的电动汽车产业标准体系对支撑整个产业的发展尤为重要。

经统计，我国 65 项电动汽车产业标准的平均标龄为 5.23 年。其中标龄最长的是 12 年，标龄大于等于 10 年的标准有 9 项，占总数的 13.8%；标龄小于 5 年的标准有 37 项，占全部国家标准的 57%。这说明，近几年电动汽车产业标准的制修订工作开始进入一个高潮期，各地区机构和企业为抢占市场和争夺标准话语权做出了不懈努力。

（2）采标情况

在 65 项国家标准中，有 22 项综合采用国际标准，占总数的 33.8%；有 16 项实际采用国际标准，占标准总数的 24.6%。其中修改采用为 16 项，占所有采标标准的 72.7%；非等效采用为 6 项，占所有采标标准的 27.3%。其中主要采标来源是 ISO 标准，共有 8 项，占所有采标标准的 36.4%；其次是 IEC 标准，共有 7 项，占所有采标标准的 31.8%；第三是 SAEJ 标准，共有 4 项，占所有采标标准的 18.2%。从总体上看，我国电动汽车产业的标准采标率偏低，有待加强。

（3）企业参与标准制修订

我国电动汽车标准制修订的工作主要集中在国家级的单位和企业，其中国家级机构制修订的标准数量占到了全国总数的 78.46%，天津和上海分别位居第二、第三。这一情况说明，我国地方单位或企业制定标准的积极性要进一步提高，参与制定标准的技术能力仍需不断加强。直至 2009 年，浙江古越蓄电池有限公司才以起草单位的身份参与了《电动道路车辆用铅酸蓄电池》标准的制修订。这一情况说明浙江省企业在电动汽车产业标准制修订中的话语权很低，企业的积极性以及对产业重点技术攻关的能力有待进一步提高。

（4）存在问题与对策

1）存在问题

目前我国电动汽车产业尚处于起步阶段，已有的标准在应用中暴露出了一定的问题和不足，结合对现行欧盟和我国标准现状的分析，我国现有电动汽车标准存在的主要问题如下。

①项目建设用地受约束。项目建设过程中面临很大的问题是项目建设用地不能得到落实，土地供应短缺等问题，这直接导致项目建设规划不能有效落地。智慧电动汽车项目在建设过程中规划了电动汽车充换电设施建设等项目，但项目用地的落实较为困难。

②标准更新慢，制定缺少整体规划，存在应急性和盲目性。目前，我国电动汽车标准注重依据我国实际情况自主制定，在部分领域先于国外标准，但对于有些新技术、新要求的更新速度落后于国外标准，没有及时跟进国外标准的更新。同时标准制定的前瞻性不足，现有标准体系尚不完整，某些关键标准缺失，不能满足电动汽车产业发展需求。对标准制定的调研、验证、审查有待强化，现行标准的合理性、可操作性、有效性有待提高。

③有关标准化组织和运行模式需要改进。电动汽车作为我国新兴产业，其产业涵盖面大、跨行业多，现有的标准组织模式亟待创新。电动汽车企业的标准化力量薄弱，骨干企业在标准制定中发挥作用不足，技术积累未能及时转化成标准。另外，对国际标准的跟踪、反馈、改进不及时，标准制定远远滞后于产品和新技术的发展，不能起到技术规范和导向的作用。

④产业化的飞速发展和新技术对标准提出了更高的要求。随着电动汽车产业化的飞速发展，电动汽车相应标准面临新的挑战，例如基础标准（充电接口、通信协议、充电机等）、电动汽车安全性（一般安全、碰撞安全、高压电安全等），以及电池、电机等关键零部件的标准化。插电式混合动力车（plug-in hybrid electric vehicle，PHEV）和智能电网（smart grid）等新技术的出现，使得现有的标准无法覆盖。

另外，电动汽车和零部件的电磁兼容性评估、电动汽车的电量与燃料消耗量的折算、电动汽车排放的折算等都是需要进一步研究和探讨的标准难题。

2）对策分析

在电动汽车的标准研究方面，我国制定了不少电动汽车专项标准，且建立了自己的市场准入制度，不再跟踪仿效欧盟标准，甚至走在了欧盟的前面。但是，我们也应当清晰地认识到，欧盟的电动汽车标准研究相对滞后，但其技术发展本身并不滞后，其标准的制定显得更为严谨，主要是考虑到电动汽车技术的成熟度、各成员国的电网基础建设差距及相关方的利益协调。作为国际上最大的一体化汽车市场，欧盟的汽车技术法规体系和标准在国际上有着非常深远的影响。许多国家和地区在建设自身的汽车技术法规体系和标准的过程中都参考和借鉴了其模式和技术要求。

我国电动汽车标准制定要充分考虑技术成熟度，注重多方协调一致，还应充分考虑电动汽车的被动安全性、充电安全和回收环保等因素，补充完善和规范电动汽车相关的技术要求。在电动汽车立法和标准研究技术的路线方面，应重点考虑以下方面：①电动汽车和电网连接时，需要考虑安全因素；②考虑和制定电动汽车的充电系统要求，尤其是在不同充电模式下，如何规范充电系统的性能指标；③有效协调各生产厂商的研发和标准的制定；④对于充电系统的基础设施，不仅要考虑技术要求，而且要考虑有效的商业运营模式，如充电设施的型式、建造地点的选择、收费和付费方式的确定以及税费的计算和缴收等；⑤有效协调各方利益，如电网、发电站、汽车制造厂商、充电站运营商以及终端消费者；⑥制定规范以保证电池的合理有效回收，从而减轻环境污染的压力；⑦合理设计和规范智能通信系统，包括车、充电站、电网、终端消费者之间的多向通信。

5.2.3　智慧电动汽车标准体系设计研究

（1）设计原则

在广泛收集分析国内外主要相关标准化组织制修订标准的基础上，综合考虑我国以及各地方电动汽车产业技术发展现状，针对电动汽车产业标准体系框架的设计应注重以下原则。

1）科学性

电动汽车产业标准体系的构建要注重一定的科学性，层级内容之间的划分应遵循国家层面的分类方法，并能较为合理地将现有和即将发布的标准归纳入体系之内，体现一定的和谐性。

2）可靠性

电动汽车产业标准体系的构建要素要紧密联系产业技术发展的实际，具体标准内容的设置应能满足科研、产业化、商业化和政府管理的需要，并能为电动汽车产业发展提供有力的技术支撑。

3）灵活性

随着产业技术的发展，标准体系内容可以方便地扩展，并能够有序和动态调整，在最大程度上实现标准之间的协调配套。

4）操作性

标准体系层级和标准内容设置应尽可能简单明了，整个框架要便于政府和企事业单位解读及实施。

（2）体系框架设计

电动汽车产业标准体系框架分两个层次，包括三个子体系、十个大类。三个子体系主要是从电动汽车结构部件上划分，分别为整车标准、系统与部件标准和基础设施标准，避免了标准交叉的问题（见图5.1）。其中整车标准分别由24项国家标准和5项行业标准组成，系统与部件标准由7项国家标准和7项行业标准组成，基础设施标准由10项国家标准和7项行业标准组成。

整车标准子体系分四个标准门类，分别为基础通用标准、纯电动汽车标准、混合动力汽车标准、燃料电池汽车标准，分类依据为电动汽车的类型。

系统与部件标准子体系分三个标准门类，分别为电机及控制器标准、储能装置标准、其他系统及部件标准，分类依据为电动汽车的关键零部件构成。

基础设施标准子体系分三个标准门类，分别为能源补给站标准、站车通信及接口标准、其他基础设施标准，分类依据为基础设施对电动汽车实现的主要功能。

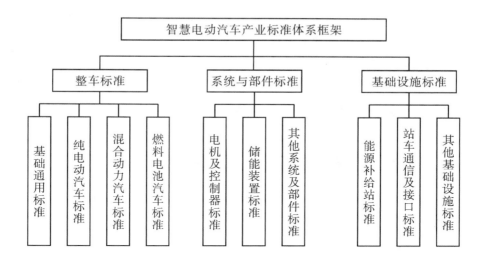

图5.1 电动汽车标准体系框架图

（3）重点标准研制

针对试点项目具体开展的技术标准体系建设主要有以下几方面。

①充换电基础设施方面：《电动汽车电池更换用电池箱编码》《电动汽车电池更换站通用技术要求》《电动汽车电池更换站技术导则》《电动汽车充电站及电池更换站监控系统技术规范》《电动汽车电池更换站设计规范》《电动汽车分散充电桩设计与施工导则》《电动汽车充换电设施规划导则》。

②运营管理方面：《电动汽车智能充换电服务网络运营管理系统技术规范》《电动汽车充换电设施运行管理规范》。

③技术研究方面：《电动汽车电池管理系统技术条件》《电动汽车动力电池箱通用要求》。

④充电系统与设施方面：《电动汽车非车载传导式充电机技术条件》《电动汽车交流充电桩技术条件》《电动汽车充放电计费装置技术规范》《电动汽车电池箱更换设备通用技术要求》《电动汽车电池动力仓总成通用技术要求》《电动汽车动力蓄电池箱通用技术要求》《电动汽车电池更换用电池箱电联接器技术要求》《电动汽车电池更换用电池箱架通用技术要求》《电动汽车电池动力仓总成通信协议》。

⑤与"智慧城市"其他项目信息接口方面:《电动汽车非车载传导式充电机与电池管理系统之间的通信协议》《电动汽车车载传导式充电机与交流充电桩之间的通信协议》,以及运营关系系统接口规范等。

5.3 智慧电动汽车国家标准解读

5.3.1 电动汽车安全要求相关国家标准概况

作为缓解能源压力和减少温室气体排放的重要手段,电动汽车被视为汽车产业发展的重要技术方向,近年来得到全球各国的重视并得到快速发展,中国在产业政策、科研支撑、财税补贴和公安及交通管理方面均给予了电动汽车持续的较大力度的鼓励和支持,中国电动汽车产品的使用和推广正在快速扩大。电动汽车区别于传统汽车的主要特点就是在高电压的环境下运行,因此高压系统的安全性一直是行业研究和消费者关注的重中之重。

作为电动汽车最为基础和重要的标准之一,我国早在2001年就发布了GB/T 18384 - 2001《电动汽车 安全要求》系列标准,主要参考了国际标准ISO 6469 - 2001《电动道路车辆 安全说明书》。该系列标准的出台对规范行业发展、保证产品质量、促进技术提升起到了非常重要的作用。随着技术的不断发展以及在产品应用和检测方面越来越多的经验积累,我国在2010年启动了对GB/T 18384 - 2001《电动汽车 安全要求》系列标准的修订工作,2013年提交全国汽车标准化技术委员会电动车辆分委会审查并通过,于2015年5月15日发布,并于2015年10月1日正式实施。

新修订的GB/T 18384包括3个部分,分别是GB/T 18384.1 - 2015《电动汽车 安全要求 第1部分:车载可充电储能系统(REESS)》、GB/T 18384.2 - 2015《电动汽车 安全要求 第2部分:操作安全和故障防护》和GB/T 18384.3 - 2015《电动汽车 安全要求 第3部分:人员触电防护》。该系列标准的适用范围是车载驱动系统最大工作电压是B级电压的电动汽车。

5.3.2 《电动汽车 安全要求 第1部分：车载可充电储能系统（REESS）》

（1）适用范围及定义

本部分规定了电动汽车B级电压驱动电路系统的车载可充电储能系统（REESS）的要求，从而确保车辆内部、外部人员以及车辆环境的安全。相关术语定义如表5.1所示。

表5.1　术语定义

术语	英文	定义
可充电储能系统	rechargeable energy storage system	可充电的且可提供电能的能量存储系统，如蓄电池、电容器
电力系统	electric power system	电路，包括电源（例如燃料电池堆、蓄电池）
最大工作电压	maximum working voltage	在正常的工作状态下电力系统可能发生的交流电压有效值或者直流电压的最大值，忽略暂态峰值
B级电压电路	voltage Class B eletric circuits	最大工作电压大于30V且小于或等于1000V，或大于60V直流且小于或等于1500V直流的电力组件或电路
单点失效	single-point failure	未采用安全机制进行保护的系统或系统中的部分（包括硬件、软件）的故障而导致的失效

REESS相当于传统汽车的油箱，是车辆驱动能源的来源，最典型的代表便是动力电池。超级电容器也属于REESS，但燃料电池堆并不属于REESS，因为它是电能的发生装置，并不存储电能。本部分主要是规定了REESS绝缘电阻、电气间隙和爬电距离、有害气体和有害物质排放、危害人员的热量以及过电流断开几方面的要求，其中绝缘电阻测量和计算方法是修订的重点。

（2）主要内容

1）车载可充电储能系统的绝缘电阻

A. 测量条件及过程

为了测量正常情况下安装在车内的REESS的绝缘电阻，应将REESS的高压部分和低压部分断开，将低压部分与车辆电平台相连接，目的是测量REESS与电平台之间的绝缘电阻，及其低压部分的绝缘电阻。REESS应先在温度为5℃±2℃的环境下准备8h，而后在温度为23℃±5℃，相对湿度90^{+10}_{-5}%，气压为86～106kPa的条件下进行测量。规定该试验环境的目的是为了使被测设备达到露点，所以如果厂家和检测机构有其他的准备和试验条件可以使得被测设备很快达到露点，则可以采用其他准备和测量环境参数。标准中规定测量阶段是一个8h的测量过程，并不是指测量一定要持续8h，只要露点出现，并且捕捉到绝缘电阻可能的最小值，测量便可结束。试验过程如图5.2所示。

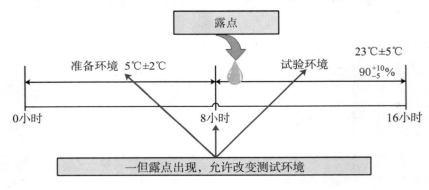

图5.2　REESS绝缘电阻测量过程

B. 测量方法

绝缘电阻的测量应在出现露点的阶段以适当的频次进行测量，以便得到绝缘电阻的最小值。测量原理如图5.3所示，测量步骤如下。

①测量REESS的两个端子和车辆点平台之间的电压，较高的一个定义为U_1，较低的一个定义为U_1'，相应的两个绝缘电阻定义为R_{i1}和$R_{i2}=R_i$（R_{i2}是两个绝缘电阻中阻值较小的，因此将其确定为REESS的绝缘电阻R_i）。

②添加一个已知的测量电阻R_0和R_{i1}并联，测量U_2和U_2'。测试期间应保持

稳定的电压。

③计算绝缘电阻R_i。将R_0和三个电压U_1、U_1'和U_2代入

$$R_i = R_0 \frac{U_1 - U_2}{U_2} \left(1 + \frac{U_1'}{U_1}\right) \qquad (5-1)$$

R_i也可以使用R_0和所有四个电压值U_1、U_1'、U_2和U_2'代入下式来计算

$$R_i = R_0 \left(\frac{U_2'}{U_2} - \frac{U_1'}{U_1}\right) \qquad (5-2)$$

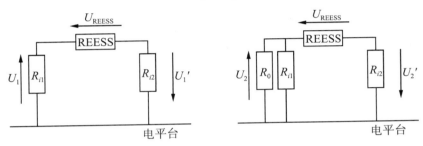

图5.3　REESS绝缘电阻的测量原理

　　将U_1、U_2、U_1'分别用U_b来表示，并代入公式（5-1）和公式（5-2）可以得出，旧版标准的公式R_i相当于R_1和R_2并联的阻值，新版标准中的公式R_i相当于R_1和R_2的较小值。在实际情况中，REESS正负极绝缘电阻并联起作用的情况是不存在的，无故障的情况下两侧绝缘电阻串联起作用，单点故障情况下绝缘电阻单侧起作用。所以修订后的计算公式更符合实际。

2）电气间隙和爬电距离

对于正常使用时不会发生电解液泄露的REESS，应按照GB/T 16935.1 - 2008《低压系统内设备的绝缘配合　第1部分：原理、要求和试验》的要求，将污染度控制在适当的范围内。

如果有发生电解泄露的可能，建议爬电距离d满足以下要求：

①REESS连接端子间的爬电距离：

$$d \geqslant 0.25U + 5 \qquad (5-3)$$

式中：d—被测试验用REESS的爬电距离，单位为毫米（mm）；

U—REESS两个连接端子间的最大工作电压，单位为伏（V）。

②带电部件与电平台之间的爬电距离：

$$d \geqslant 0.125U + 5 \tag{5-4}$$

式中：d——带电部件与电平台之间的爬电距离，单位为毫米（mm）；

      U——REESS两个连接端子间的最大工作电压，单位为伏（V）。

导电部件之间表面最小电气间隙应为2.5mm，爬电距离图如图5.4所示。

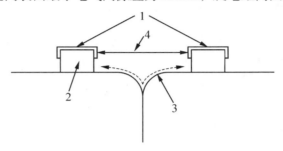

图5.4　爬电距离

其中：1—可导电表面；

      2—连接端子（蓄电池模块、蓄电池包或动力蓄电池）；

      3—爬电距离；

      4—电气间隙。

3）REESS其他注意要点

A. 有害气体和有害物质排放

为了防止爆炸、起火或有毒物质的危害，当REESS在正常的环境和操作条件下可能排除有害气体或其他有害物质时，应满足以下要求：

①在正常的环境和操作条件下，应当有适当的措施，使驾驶舱、乘员舱以及各载货空间的有害气体或其他有害物质不会达到潜在的危险浓度；

②有害气体和其他有害物质允许的最大聚集量应符合国家有关标准的要求；

③应采取适当的措施应对单点失效。

B. REESS产生的热量

应采取适宜的措施防止任何由单点失效情况造成可能危害人员的热量的产生，比如基于电流、电压或温度的监控器。

C. REESS过电流断开

如果REESS自身没有防短路功能，则应有一个REESS过电流断开装置能在车辆制造厂商规定的条件下断开REESS电路，以防止人员、车辆和环境受到危害。

5.3.3 《电动汽车 安全要求 第2部分：操作安全和故障防护》

（1）适用范围及定义

本部分针对电动汽车所特有的危险规定了操作安全和故障防护的要求，以保护车辆内外人员的安全。需要注意的是，本部分适用于车载驱动系统的最大电压是B级电压的电动汽车，电动摩托车和电动轻便摩托车可参照执行。相关术语定义如表5.2所示。同时本部分不适用于如下情况：①不适用于非道路车辆，例如物料搬运车和叉车；②不适用于混合动力电动汽车的内燃机系统；③不适用于指导电动汽车的装配、维护和修理。

表5.2 术语定义

术语	英文	定义
可充电储能系统	rechargeable energy storage system	可充电且可提供电能的能量存储系统，如蓄电池、电容器
可行驶模式	driving-enabled mode	当踩下加速踏板（或激活某种控制设备）或松开制动系统，车辆的驱动系统就可以移动车辆的模式
B级电压电路	voltage Class B eletric circuits	最大工作电压大于30V a.c.（rms）且小于或等于1000V a.c.（rms），或大于60V直流（d.c.）且小于或等于1500V直流（d.c.）的电力组件或电路

（2）主要内容
1）操作安全

本部分主要规定了车辆操作方面的安全要求以及进行故障防护的思路。在操作安全方面，车辆的电源接通断开程序中定义了车辆的两个状态，分别是"驱动系统电源切断状态"和"可行驶模式状态",其中"可行驶模式状态"的解释如表5.2所示,这描述的是车辆驱动系统高压电已经接通并且车辆已经挂入前进挡或倒车挡时的状态。车辆各个状态、驱动系统高压电接通状态和标准中规定的两个状态之间的对应如图5.5所示。

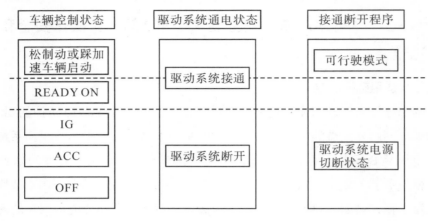

图5.5　接通断开程序

本部分中规定车辆从驱动系统电源切断状态到可行驶模式需要经过两个不同的有意识的动作,对于这两个动作的认定如图5.6所示。

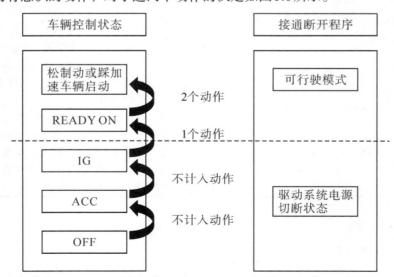

图5.6　电源接通程序中对两个不同动作的认定

本部分中有功率降低显示规定，其目的是避免在车辆功率不足的情况下驾驶员对车辆有过多的动力要求而导致的潜在危险，这一措施可以限制驱动系统故障的影响和驾驶员过分的功率要求。

举例来说，如果驱动电机过热，车辆便可能会限制驱动功率。此时驾驶员若想加速超车，则动力需求将得不到满足，超车的持续时间会超过驾驶员的预期，这是一种非常危险的行车情况。如果有低功率提示的功能，驾驶员可以知道车辆目前"力不从心"，便不会进行超车。此外，标准中规定："驱动功率的限制和降低影响到了车辆的行驶，该状态应向驾驶员指示。"如果驱动功率的限制和降低不会影响车辆的行驶，则不必向驾驶员指示，例如混合动力电动汽车，驱动电机功率的限制可以通过内燃机来弥补，因此就不必设置低功率显示这一功能。

2）失效防护

标准引入了单点失效这一概念。单点失效是功能安全中的一项重要概念，源自国际标准 ISO 26262。简单来讲，单点失效就是系统中的一个点、一个部分、一个组件发生故障而导致的失效，在功能安全的设计理念中，要通过多重或冗余的保护来保证单点失效不会影响系统的正常运作。具体到电动汽车，以车辆的绝缘系统为例（见图 5.7），由于另一侧绝缘电阻的存在，高压系统单侧的绝缘失效并不会导致人员触电。这便是一种对于单点失效的防护。

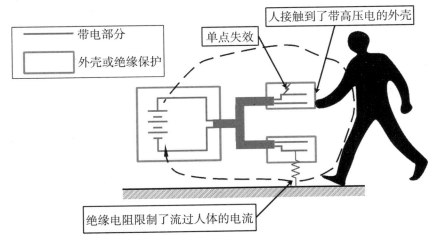

图5.7　单点失效防护实例

5.3.4　《电动汽车　安全要求　第3部分：人员触电防护》

(1) 适用范围以定义

本部分规定了电动汽车电力驱动系统和传导连接的辅助系统（如果有）防止车内和车外人员触电的要求。需要注意的是本部分适用于车载驱动系统的最大电压是B级电压的电动汽车，电动摩托车和电动轻便摩托车可参照执行。相关术语定义如表5.3所示。同时本部分不适用于如下情况：①不适用于非道路车辆，例如物料搬运车和叉车；②不适用于指导电动汽车的装配、维护和修理。

表5.3　术语定义

术语	英文	定义
可充电储能系统	rechargeable energy storage system	可充电的且可提供电能的能量存储系统，如蓄电池、电容器
A级电压	voltage Class A electric circuits	最大工作电压小于或等于30V a.c.（rms），或小于或等于60V d.c.的电力组件或电路
B级电压电路	voltage Class B eletric circuits	最大工作电压大于30V a.c.（rms）且小于或等于1000V a.c.（rms），或大于60V 直流（d.c.）且小于或等于1500V 直流（d.c.）的电力组件或电路
基本防护	basic protection	无故障情况下防止带电部分直接接触
遮拦	barrier	能够在任何通常的进入方向上防止直接接触的部件
外壳	enclosure	用来防止设备受到某种外部影响或任何方向上直接接触的部件
电位均衡	potential equalization	电气设备的外露可导电部分之间电位差最小化
电力系统负载	balance of electric power system	断开所有REESS和燃料电池堆，剩下的B级电压电路

(2) 主要内容

第三部分规定了人员触电防护的要求。章节的设置分为：触电防护的方法（6.1～6.4条），对于以上方法的要求（6.5～6.10条），对于以上要求的试验验证（第7章）。

其中触电防护方法分为基本防护和单点失效情况下的防护，基本防护包括基本绝缘、遮挡或外壳，单点失效情况下的防护包括电位均衡、绝缘电阻、电容耦合、断电以及其他电击防护方法。其逻辑如图5.8所示。电位均衡的目的是在基本防护方法失效的情况下，保证电流流过电位均衡通路，而不流过人体。电位均衡的通路可通过焊接或金属紧固件等方式实现。

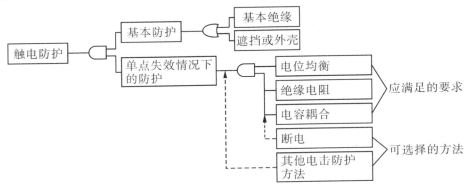

图5.8　触电防护方法

对于绝缘电阻的要求，标准将电路分为非传导连接到电网的B级电压电路和传导连接到电网的B级电压电路，因为二者可能有不同的工作电压和工作环境，因此绝缘电阻的要求亦不同。举例来说如何区分两种电路。

①交流充电采用隔离式车载充电机的情况：车载充电机隔离线圈后部的整个电路均是非传导连接到电网的B级电压电路，车载充电机隔离线圈前部到接口的电路是传导连接到电网的B级电压电路（见图5.9）。

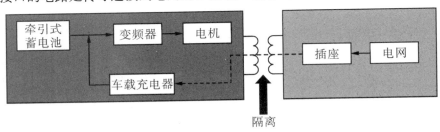

图5.9　交流充电采用隔离充电机

②交流充电采用非隔离式车载充电机的情况：整个车载高压系统均是传导连接到电网的B级电压电路（见图5.10）。

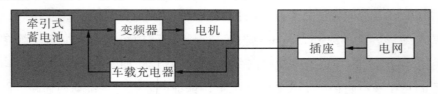

图5.10　交流充电采用非隔离充电机

③直流充电的情况：由于采用的是非车载充电机，因此整个车载高压系统均是非传导连接到电网的B级电压电路（见图5.11）。

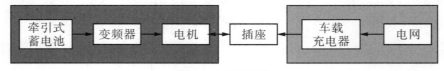

图5.11　直流充电

此外，感应充电自然也是整个车载高压系统均为非传导连接到电网的B级电压电路。

标准中还提出了对电容耦合的要求。绝缘电阻可以限制从电池流过人体的电流，但无法限制从Y电容流过人体的电流。电容耦合保证了从Y电容流过人体的电流在安全电流的范围内。

除了以上触电防护方法，如果车辆B级电压电路出现问题，车辆还可以采用自动断电的方式对人员触电进行防护。但考虑到车辆复杂的运行情况，自动断电的方法并不推荐。例如车辆在高速行驶，如果车辆在驾驶员毫无防备的情况下突然断电，很可能酿成较严重的交通事故。因此，自动断电的方案是由厂家根据自身的控制策略选择性地提供的。

5.3.5　总结

电动汽车安全要求相关国家标准的修订对于提高我国电动汽车产品质量、改善试验能力和试验水平、促进电动汽车技术进步具有十分积极的作用，相信在国家进一步推动电动汽车产业化、扩大市场化规模和保证人民与财产安全方面也会发挥重要的作用。

第6章　智慧安居标准化理论实践

6.1　智慧安居建设现状

6.1.1　国外智慧安居建设现状

国外关于信息化城市发展的理论研究经历了两个阶段。在20世纪90年代中期以前，主要以技术决定论为代表，之后开始关注信息技术与区域发展的关系，再到智慧城市概念的提出。

纽约大学城市科学与发展中心（CUSP）主任史蒂文·库宁表示"带有社会维度的科学"才是城市信息学的希望，它能够让城市生活变得更美好，而非技术上的"改进"。"带有社会维度的科学"更加关注民众的生活质量，即安全、健康、幸福和可持续的城市生活以及实现目标的经济能力，从而实现社会和经济实力的良性循环。普华永道于2014年在《机遇之都6》的报告中指出："高品质生活的城市应具备优越的生活质量要素，辅以强劲的商业和完善的基础设施。"

从国外区域信息化建设的实践来看，智慧安居一般有两个建设趋势：一是区域信息化服务方面，重点关注医疗健康、能源与教育；二是智能化住宅小区和住宅智能化方面，其涉及的系统功能包括物业管理系统、住宅公共服务系统和住宅自动化系统。其中全球智能化住宅建设发端于20世纪80年代初，普通家庭通过引入家用电器，实现了住宅电子化（home electronics, HE）；80年代中期，家用电器、通信设备与安防设备的功能相综合，形成了住宅自动化（home automation, HA）；到80年代后期，集监视、控制与管理为一体的商用系统的出现，实现了住宅的智能化。

（1）美国智慧安居建设概况

美国从20世纪80年代初开始城市信息化建设，20世纪末基本完成基础建设，期间提出了社区互联网中心（CAC）计划、美国计算机系统政策计划（CSPP）和联邦政府组织架构框架（FEAF）；2002年，提出联邦政府组织架构（FEA），开始关注如何利用信息技术进行资源整合、资源共享，改善管理与服务，使之最优化。

2009年，IBM和美国智库机构信息技术与创新基金会（ITIF）共同提出投资信息通信技术（ICT）计划，包括智能电网、智能医疗和宽带网络三个领域。随即IBM又提出"智慧地球"概念。2010年，奥巴马政府付诸实施，出台《经济复苏和再投资法》，其中在能源方面，提出通过住宅节能化、节能家具、建筑物能源使用管理系统提高能源使用效率。美国联邦通信委员会（FCC）发布未来10年美国的高速宽带发展计划。

（2）英国智慧安居建设概况

2007年，英国在格洛斯特建立了"智能屋"试点，将传感器安装在房子周围，传感器传回信息，使中央服务器能够控制各种家庭设备。这套系统能通过数据采集、数据分析掌握人们的生活习惯，根据生活习惯来调整家电信息，比如灯光亮度、空调温度等。

2011年，在"智能屋"的基础上，英国研究人员又开发了能够监控居住者健康状况的智能屋（Interhome）。该系统通过设备终端、通信网络和各类传感器自动监测老人的行为状态。

（3）韩国智慧安居建设概况

自1997年，韩国就把信息化建设提升到国家战略的层面，前期大力发展基础信息基础建设，包括推动互联网普及、建立知识型社会等。2004年，韩国提出"u-Korea"计划，旨在建立全球领先的信息产业。运用IT科技，既为民众提供衣食住行等各方面无所不在的便利生活服务，又发展新兴应用技术，强化产业优势与国家竞争力。应用领域包括安全社会环境、U生活定制化服务、可再生经济等。

2005年，韩国提出u-Home计划，其最终目标是让民众通过联网的方式控制家电设备，并能在家享受高品质的双向、互动的多媒体服务。2009年，提出物联网基础设施构建规划，旨在把韩国打造成"超一流ICT强国"。

（4）日本智慧安居建设概况

日本把区域信息化建设提升到国家战略的层面。2001年，实施"e-Japan"战略，旨在5年内把日本建设成为世界最先进的IT国家。2004年，提出"u-Japan"战略，旨在5年内将日本建设成一个"实现随时、随地、任何物体、任何人均可连接的泛在网络社会"。2009年，日本政府IT战略本部推出"i-Japan战略2015"，旨在大力发展电子政务和电子地方自治体，推动医疗、健康和教育的电子化。

6.1.2 国内智慧安居建设现状

随着智慧城市概念的推广，全国各地都兴起了一股智慧城市建设的热潮，将智慧城市作为未来城市发展的方向。作为其中最重要的组成部分之一，智慧安居的建设也进行得如火如荼。

国家统计局公布数据显示，2013年我国城镇化率达到了53.7%，比2012年提高了1.13%。党的十八大报告明确提出将工业化、信息化、城镇化和农业现代化作为全面建设小康社会的抓手，并强调以推进城镇化为重点，着力解决制约经济持续健康发展的重大结构性问题，这充分显示了城镇化的重要地位。但在加快城镇化的过程中也存在一些挑战，如老龄化现象严重、社区公共服务能力不足、文化娱乐设施无法满足居民日益增长的需求等。而智慧社区建设能够很好地解决上述问题，给我国的城镇化建设添砖加瓦，进一步提升城镇化的质量。以往城镇化发展方式较为粗放，随着地方政府对城镇化的重视，需要在整个统筹规划方面把智慧城市、智慧安居的一些理念融入进去，从而实现可持续发展的城镇化。

（1）上海陆家嘴智慧安居

陆家嘴"智慧安居"建设重点主要涵盖社区综合管理、社区生活质量水平、社区经济和商业活力、社区内个体发展水平四方面内容。具体建设内容为"一库、一卡、两平台、多系统"。其中，"一库"指民情档案综合信息库，包括区域内人、物、房、事、单位、楼宇等动态信息；"一卡"指开发"智慧城市炫卡"，有了一张"智慧城市炫卡"，社区居民就不必再带门禁卡、银行卡，甚至到社区医院预约门诊也可以轻松一刷便完成；"两平台"指社区综合管理信息平台和社区公共服务信息平台；"多系统"指以平台为基础开发的各类具体应用系统，包括智能健康管理中心、多功能电子公告栏、停车智能导航系统。

（2）无锡万家便民服务中心

无锡市便民服务中心依托24小时全天候应答的96158市级便民服务呼叫平台、便民服务网站和社区服务站，以信息化为手段，以居家养老为切入点，以实体服务为支撑，为无锡市民提供信息化居家养老服务、家庭生活服务和民生商品配送等便民服务，致力于为无锡市民搭建一个需有所应、困有所助、难有所帮的综合性"门对门"便民服务平台。无锡市便民服务中心充分利用物联网技术，打造覆盖全市、服务全民的便民服务平台。

（3）北京西城智慧社区

北京市西城区广内街道"智慧社区"社会服务管理平台是智慧安居的一个典型案例，其一期内容包括智慧中心、智慧政务、智慧商务、智慧民生四大部分14个子系统。智慧中心记录了街道所有的人、地、物、事、组织，这些数据精确到了每个社区的每个单位、每个楼门甚至每个井盖。智慧政务借助信息手段，对部门、科室、社区业务进行科学分类、梳理、规范，创新服务管理模式，提高服务管理的规范化、精细化水平，包括社区一站式服务系统、十千惠民系统、社区阳光经费管理系统、综治维稳系统、和谐指数评价系统等。智慧商务以服务企业为主旨，包括槐柏商圈网、楼宇直通车、惠民兴商一卡通、企业绿色通道等。智慧民生以辖区居民需求为导向，建设面向社区各类专项服务的典型应用，包括虚拟养老院、智能停车诱导、全品牌数字家园、数字空竹博物馆等。

6.1.3 浙江省智慧安居建设现状

1994年建设部提出小康住宅的概念后，2000年国家科委与建设部提出了"2000年小康型城乡住宅科技产业工程"，以科技为先导，提高城乡居民住宅的功能与质量，改善居住环境。自2008年以来，我国"3111"平安城市工程的推进，带动了智慧安防的发展。2012年，浙江省人民政府在智慧安防的基础上提出了智慧安居的概念。

2013年，浙江省人民政府毛光烈副省长指出，智慧安居是智慧安防的延伸和创新发展，强调防控系统与服务系统的整合，通过机制创新、模式创新，实现数据共享，提升社会管理、社会治安防控和打击违法犯罪的能力和水平，实现真正的服务智慧化。其最终目标是安全、便捷、高效和绿色。

（1）浙江省智慧安居建设背景

党的十八大报告明确提出："坚持走中国特色新型工业化、信息化、城镇化、农业现代化道路，推动信息化和工业化深度融合、工业化和城镇化良性互动、城镇化和农业现代化相互协调，促进工业化、信息化、城镇化、农业现代化同步发展。"而"智慧城市"将是基于"信息化"，推动"新四化"同步发展的重要产业方向。

城市经济的可持续发展要求产业升级和结构调整，借助信息化，推动其他行业，尤其是传统行业的产业升级，从而很好地提升城市的创新能力。城市快速发展的同时，也必须快速和妥善解决应急事件和突发性事件问题。而智慧城市的引入，可以在第一时间快速预测、感知此类突发事件，并且通过智慧的调控能力，不断提升处理此类突发事件的能力。

作为"智慧城市"试点工程之一，"智慧安居"项目是广泛应用物联网、大数据、云计算等先进技术，高度集成管理运行体系、信息化应用体系和基础支撑体系，建立和完善智慧型社会服务管理工作大格局，保障安全、服务民生的惠民实事工程。

信息化与城市化的深度融合赋予了"安居"新的内涵，现代安居不再是简单的安稳静谧的生活，而是融城市管理、社会治安、教育医疗和居家养老等多个领域于一体的集合。城镇化的推进和社会的变迁为安居打上了鲜明的时代烙印，新一代网络信息技术的广泛应用更是赋予了安居以新的"生命"——智慧安居。作为全省20个智慧城市建设试点示范项目之一，绍兴智慧安居对此进行了有益的探索和尝试，并取得了阶段性成效，为智慧城市在绍兴市乃至全省应用推广起到了引领示范作用。同时，"智慧安居"通过构建完整的技术体系、业务体系和保障体系，用智慧的手段感知和分析社会生活的海量信息，识别安全隐患，提供安全保障，辅助决策分析，加强常态管理和应急管理，建立完善的公共安全管理体系和社会服务保障体系，构建和谐稳定的社会环境，保障人民安居乐业。

研究制定智慧安居标准规范，加快智慧家居系统、智慧楼宇、智慧社区建设，为市民提供更加便利、舒适、放心的家庭服务、养老服务和社区服务。智慧社区安居标准规范的制定有利于推进住房和城乡建设信息系统项目，建立和完善住房保障管理信息平台，实现全市住房保障信息化管理，完成物业和住房维修资金管理平台、建筑业务工人员服务管理平台和建筑市场信用体系建设，加强智慧安居服务体系建设的研究工作。

（2）浙江省智慧安居建设意义

"智慧安居"建设通过运用物联网、云计算、移动互联网等新一代信息技术，以网络信息手段整合优化市民服务体系、家居安防体系、社会单位安防体系、消防安全体系、公共安全高效防控应急体系、城管快速服务响应体系，创新运作模式和工作机制，提升社会管理服务、社会治安防控和打击违法犯罪的能力和水平，让老百姓实时感受到可感可视的安全、触手可及的便捷、实时协同的高效、和谐健康的绿色。同时，通过创新社会管理模式和构建和谐民生系统"双轮"并驱，聚焦社区家庭服务、企业安全服务、政务创新服务等安居服务领域和以社会安防管理、城镇面貌管理、城镇交通管理等为主题的安居管理领域，打造"平安、宜居、兴业"的幸福城镇。浙江省智慧安居建设具体表现为以下几种形式。

①平安之城。利用物联网技术，全面、准确、实时地感知和掌握安全信息，特别是人口信息、社会公共安全与交通状况信息、消防与生产安全信息、家居安全服务信息；通过报警服务体系及多级处置中心，完善应急响应保障措施，从而提升城市的整体安全水平；保障社会的公共治安和交通安全，企业的生产安全和财产安全，以及居民的生命财产安全。

②宜居之城。以平安之城为基础，通过网格化的社会管理方式优化政府政务服务流程，在企业服务、家居服务等方面形成完善的体系和健全的应用系统；在服务中实施管理，在管理中实现服务，从而提升政府的社会综合管理与服务效率；为企业、公众提供简便高效的政务服务、安全有效的企业监管辅助服务、全面实用的家居生活保障服务，打造智能生产、生活的宜居

之城。

③兴业之城。完善社会综合管理和服务，创建良好的产业发展社会环境；同时亦可通过制定完善信息产业和安居产业融合发展的相关政策，引进和培育数家上规模的骨干企业，基本建成"智慧安居"产业基地，带动信息产业和智能设备制造产业等新兴产业的发展；促进产业的优化转型，形成低能耗高产效的产业集群，成为兴业之城。

（3）浙江省智慧安居战略目标

1）总体思路

根据浙江省人民政府办公厅《关于开展智慧城市建设试点工作的通知》和绍兴市人民政府关于"智慧安居"城市试点建设的工作部署，诸暨市与中国航天科工集团合作启动了市级社会管理服务信息中心和智慧管理体系、智慧服务体系、智慧应急体系、智慧防控体系等"一中心四体系"建设，并确定在城区、店口和枫桥开展"智慧安居"建设试点。

根据实施方案，枫桥的"智慧安居"建设将以信息化应用为主要载体，包括信息指挥服务中心、智慧防控体系、智慧服务体系、智慧应急体系等16项内容，其中防控体系将全面覆盖村居家庭、学校和企业。智慧服务将延伸到村镇，建设便民服务平台、流动警务站，开展居家养老服务，全面构建和完善信息化、立体化、动态化的治安防控大体系和智能化服务系统。

推进"智慧安居"城市建设，是"枫桥经验"创新发展的需要，试点工作将坚持实际实用实效、集中集约集成、应急服务便民的原则，准确定位、整合资源、共建共享，建立起现代化、科技化、一体化的管理服务体系，努力实现群众不出家门享信息、不出村子办民事、市镇村联动强服务。

2）基本原则

试点项目的建设原则有以下几项。

①实际实用实效原则。立足实际、突出实用、注重实效，按照实际工作的需要确定建设范围，引进符合实用要求的技术和设备等，实现应用效益的最大化。

②集中集约集成原则。整合各部门和相关的社会资源，集约经营、集成应用，最大限度地提高资源利用效益，降低工程建设成本。

③应急服务便民原则。创建一体化的社会服务管理机制，实现政府社会防控、公共服务、便民服务之间的有机融合，使群众得到智能化的便捷服务。

④先进可靠拓展原则。引进成熟的、具有国内领先水平的技术和设备，各种系统的功能必须能够兼容、拓展，符合长期应用和提升的需要。

3）发展目标

总体建设目标是，以信息化应用为主要载体，整合资源、共建共享，建立信息化、立体化、动态化的社会服务管理体系，努力让群众不出家门享信息、不出村镇办民事，实现三级联动强服务。

具体建设目标主要有以下三点。

①建成市、镇两级社会服务管理中心。以110应急平台和96345社会服务平台为主体，整合资源和职能，组建市社会服务管理中心，创新管理体制和工作机制，优化机构效能。枫桥镇按照市级中心的组建模式，结合实际，建成镇社会服务管理中心。

②建成枫桥智慧防控体系。坚持智慧防控与群防群治有机结合，通过实施视频监控工程、村居安防工程和治安联防工程等建设，建成"传统＋科技"、各种层次和不同应用的防控体系。

③建成枫桥智慧服务体系。通过镇村便民服务平台、社会服务网络、数字城镇、流动警务及流动调解等应用系统建设，构建面向广大群众的智能化、全方位的服务体系。

（4）浙江省智慧安居建设实施情况

枫桥"智慧安居"建设试点框架为"一个中心，两大体系，十九项应用"。

1）社会服务管理中心建设

诸暨市社会服务管理中心建设主要包括以下内容。

①整合110应急平台和96345社会服务平台，扩展服务范围，优化业务机制，协调处置突发事件和群众求助事项，为市民提供报警求助、咨询办事等"一站式"服务。

②创新管理体制和运行机制，建立和完善各项规章制度，规范日常运行。

③研发应用"安居指数分析评估系统"，汇聚、分析社会管理信息，实时监测社会态势，开展智慧安居指数量化评判，及时发现不安定因素和相关规

律、特点，为领导决策、服务民生提供辅助。

枫桥镇社会服务管理中心建设主要包括以下内容。

①利用现有的视频监控等资源，统筹便民服务中心及"网格化管理、组团式服务"建设，整合镇总值班电话、投诉电话等功能，成立枫桥镇社会服务管理中心，实现与市级应用平台连通。中心易地新建，规划面积500平方米，按需增加硬件设备，优化中心环境。

②建设镇级应急指挥调度通信系统、GPS定位系统以及各类应急队伍群组呼叫等通信系统，创新镇级管理体制和运行机制，建立和完善各项规章制度，规范日常运行。

C. 信息化应用系统集成

以社会服务管理中心为龙头，各种延伸应用、新建试用的信息化应用系统与枫桥镇现已使用的各类系统最大限度地实现关联、集成，形成符合实际需要、操作简单方便、功能基本完善、技术成熟领先的信息化应用体系。

2）智慧防控体系建设

视频监控系统建设主要包括以下内容。

①政府联网监控建设。对现有治安监控系统进行梳理，对监控盲区、重点道路、重点区域进行扩容加密，加大监控覆盖密度，增加夜间补光设备，实现24小时全天候监控。规划扩建治安监控点50个，道路卡口5个。

②社会监控建设。行政村、居委会全面开展视频监控建设，按集镇、公路沿线、偏远村三类安装5～25个社会监控点，同时把屠宰场、矿山、水利防汛等民生重点区域纳入监控范围，接入社会监控专网。

③3G移动视频监控建设。在枫桥派出所、城管执法分局、国土所、枫桥医院等单位的应急处置车辆上安装3G移动视频监控，并接入市、镇二级中心。

④视频实战应用系统建设。研发和部署集打、防、管、控、服务于一体的视频实战应用系统，功能包括人像识别、可疑车辆识别、对危险行为和事件进行主动跟踪定位等，在市区、枫桥选择2～3个点进行试点应用。

村居安防建设主要包括以下内容。

①完善小区安防基础设施。对有条件的开放式小区进行封闭、半封闭改造，对没有条件改造的开放式小区居民楼宇加装防盗门（网）等设施。

②实施三车停放点建设。在摩托车、电瓶车、自行车停放较为集中的公共区域安装防盗地锁，平均每村100套、集镇200套，共3000套。

③普及家庭技术防范设施。鼓励有条件的家庭安装防盗防入侵声光报警器、监控等技防设施。

④开展巡防队、小区物业保安规范化建设，探索枫桥集镇治安巡防队智能化建设，开展数字巡防。

企事业安防建设主要包括以下内容。

①鼓励企事业单位在出入口和重点部位安装视频监控系统，有条件的与市监控共享平台或社会视频监控专网联网。

②学校实施视频监控加密工程，规划补建50个校园监控点，并与市视频监控共享平台联网；学校保卫室安装110紧急报警按钮；建设完善家校通平台，实时管理学生出入校门行为，为家长提供学生到校、离校等信息。进一步加强校车GPS和视频监控建设。

治安联防建设主要包括以下内容。

①区域性联网报警系统建设。进一步扩大区域性联网报警系统覆盖范围，鼓励行政机关、企事业单位、商铺、家庭用户安装联网报警器和紧急报警按钮。

②完善十户联防、村级队伍群组联防等系统，配置手机式平安联防对讲机，加强村民和村级组织互助自救。

③公共安全信息诱导系统建设。在集镇和公路沿线建设规格为4平方米的信息显示屏10块，用于发布公共安全信息及政府其他信息。

智能交通应用建设主要包括：新增4套卡口系统，升级现有6个卡口，实现全市联网，为全省联网打好基础；在绍大线与枫山线交叉口增加一套电子警察系统；在绍大线与枫山线交叉口、枫桥派出所绍大线路口各增加一套交通信号集中控制系统；建设车辆违停监拍设备20套，实现车辆部分违法行为的自动识别和报警功能。

人口管理与服务系统应用建设主要包括以下内容。

①开发单位内部员工管理系统，先行在枫桥企业和流动人口服务管理站所使用，实现流动人口信息远程实时申报采集。

②开发特殊群体信息管理系统，在枫桥试点应用，实现对监改对象和肇事肇祸精神病人、取保候审人员、监视居住人员的有效管理。

3）智慧服务体系建设

镇村便民服务平台建设主要是指整合农村党员干部现代远教平台、综治服务、村联网、农民信箱、平安联防、村级监控等信息平台，建立多网融合、应用便捷、信息综合的镇级便民信息服务平台，实现便民信息网络全覆盖。

便民服务信息集成建设主要是指建立市、镇、村、企业等多种便民服务信息采集渠道，动态更新便民信息，由社会服务管理中心统一审核与发布。

社会服务网络建设主要是指利用信息化手段把政府服务部门、社会加盟企业、志愿者组建成为可管理、智能化的社会服务网络，为群众提供便捷服务。

数字城管应用建设主要是指应用市级数字城管系统，补充普查枫桥城镇部件信息，优化城镇管理业务流程，对中心镇街道的基础设施、城管紧急事件处置等为信息动态采集、动态监测管理和辅助决策等服务。

流动警务站建设主要是指建设车载式流动警务站，车内配备电脑、打印机、录音录像和视频监控、警务通设备，以及3G车载终端网络，车外安装LED显示屏，实现CCIC查询、常（暂）住人口信息采集与管理、巡逻路线规划、受理与发放证件等功能。

流动调解室建设主要是指建设车载式流动调解室，车内配备电脑、打印机、录音录像和视频监控设备，车外安装LED显示屏，实现贴近群众就地调解矛盾纠纷。

6.2 智慧安居标准化建设

6.2.1 智慧安居标准化建设概况

浙江省智慧城市标准化建设五年行动计划中指出，智慧安居标准化推进工程需要做到以下几点。

①建立健全智慧安居标准体系。构建基础、专用、通用标准体系，着重制定安防、社区、家居等相关标准。

②抓好管理方面标准制修订。重点开展交通综合信息、智能交通应用、集成指挥调度、交通信息服务等交通管理类标准制修订；重点开展消防监督、消防预警、消防指挥、公共服务、单兵装备等消防管理类标准制修订；重点开展舆情管控、网络安全监管等舆情管理类标准制修订。

③抓好服务方面标准制修订。重点开展市民服务、校园安全、社区互助等标准制修订，提升服务水平。

④抓好安防方面标准制修订。重点开展社会治安动态视频监控、卡口、公共停车防盗等公共安全防控类标准制修订；重点开展家居安防、社区农村安防、社会单元安防、沿街商铺安防等区域报警防控标准制修订，提升智慧安防水平。

⑤抓好应急方面标准制修订。重点开展城市应急联动、综合处置等标准制修订，提升智慧应急水平。

2014年，绍兴市"智慧安居"示范试点项目原方案建设内容已基本全部完成，并已投入使用或开展试运行。其中由诸暨市人民政府统一的数据中心建设、市中心政务网络升级和虚拟化平台建设已全部完成，实现了资源的集约化应用和管理。街面应急力量指挥系统、智能公交调度系统、非机动车入库登记和比对查验系统、智能火灾预警系统等业务系统的上线应用为安全防护、便民服务提供了多维保障。目前该项目已形成《智慧安居系统功能建设规范》《智慧安居信息服务资源描述规范》《智慧安居信息服务资源分类与编码规则》等标准文件。

6.2.2 智慧安居标准化建设现状

截至2013年6月，我国与智慧安居直接相关的已成立标准化技术组织有：全国智能建筑及居住区数字化标准化技术委员会（TC426），负责智能建筑物数字化系统的建设；全国安全防范报警系统标准化技术委员会（TC100），负责全国安全防范报警系统、产品等专业领域标准化工作；全国个体防护装备标准化技术委员会（TC112），负责全国开展生产过程中劳动者使用的个体防护装备、人群集体防护装备以及装备附带装置等专业领域标准化工作；全国服务标准化技术委员会（TC264），负责社会公共服务国家标准（社区服务、物业管理服务等）的制修订工作。

为了进一步推动智慧城市标准研究与应用，指导浙江省智慧城市示范试点项目标准化工作，浙江省质监局、省经信委共同开展了浙江省智慧城市标准化技术委员会组建工作。2012 年 3 月，智慧城市信息化工作领导小组成立，负责审议智慧城市项目。在浙江省经济和信息化委员会的指导下，目前绍兴市人民政府关于"智慧安居"的城市试点工作正在进行，并正传递着良好成效。

同时由浙江省标准化研究院主编的《智慧安居应用系统功能规范》《智慧安居信息服务资源描述规范》《智慧安居信息服务资源分类与编码规则》及《智慧安居信息服务资源接口规范　第 1 部分：基于表述性状态转移（REST）技术的接口》4 项国家标准，列入了国家标准委发布的 2014 年国家标准制修订计划。此系列标准主要规定了智慧安居的应用系统架构，业务功能要求，分类编码原则与编码结构，信息资源层级、内容与描述形式，信息资源调用接口的功能、方法与描述形式等。

截至 2016 年，来自中国标准化研究院、浙江科技学院、南京中新赛克科技有限公司、华立仪表集团股份有限公司、杭州天夏科技集团有限公司等单位的专家和企业代表以及标准起草组成员积极参加了由浙江省标准化研究院组织的多次研讨会，与会专家与单位代表围绕标准草案，聚焦标准具体内容、标准实施的必要性和可行性、实施中的相关问题等展开深入讨论，从多角度提出了建设性的意见和建议，深入分析和修改完善标准草案，已形成该系列标准征求意见稿。下一步将在全国范围内广泛征求意见，并启动智慧安居标准化应用区域及企业示范工作，在试点区域及企业成立标准化领导机构和工作机构，制订工作计划和实施方案，利用有效形式进行广泛动员，组织有关部门有计划、有步骤地开展标准化活动，对有关部门相关人员开展标准化培训，使其具备与其工作相适应的标准化知识。

6.2.3 智慧安居标准化建设需求

(1) 政府层面

政府层面的需求主要包括三个方面。

①政府部门信息资源整合。通过智慧安居标准规范体系建设，开展信息资源调查，可以掌握信息资源数量、质量、分布等情况，明确要整合的对象，以及各部门的共享需求和共享责任，并通过对信息资源进行有效组织和集中管理，实现信息资源的逻辑集中，为信息整合和信息资源的开发利用创造条件。

②政府各部门之间数据共享。通过智慧安居标准规范体系建设，进行数据元标准化、信息分类与编码标准化、文档格式规范化，可以使各系统、各用户对要共享的数据进行无歧义的理解和处理，减少数据的重复采集、加工、存储等，保证数据的规范性和一致性，为数据的共享和交换提供基础，促进跨部门、跨地区的信息交换与共享，消除"信息孤岛"。同时，数据接口规范使相关的应用系统逐渐走向统一化，能够提高信息口径的一致性，便于数据转换。智慧安居各应用系统之间便捷的数据共享和数据交换能够降低整个系统的信息成本。

③政府部门进行有效监管。通过智慧安居标准规范体系建设进行应用数据接口标准化，明确了技术上数据存储和表述的统一格式，使得相关应用系统可以与政府部门的应用进行有效对接，从而建立和完善有关部门对智慧安居建设的监管。

(2) 企业层面

企业层面的需求主要包括三个方面。

①加快应用系统开发。通过智慧安居的标准化，制定《智慧安居信息服务资源接口规范　第1部分：基于表述性状态转移（REST）技术的接口》，将应用系统内部各个模块间的接口设计成通用接口，实现互联互通、信息共享、业务协同、信息安全，确保智慧安居应用系统建设和运行的高水平、高质量和高效率。通过规范智慧安居应用系统设计，能够有效地完善智慧安居综合应用系统，使智慧安居综合应用系统提供强大的公共服务支撑功能并进一步专注于业务应用的研发。同时，该平台通过先进的体系架构设计，保持

高可扩展性，能够灵活应对前端感知设备及信息共享扩容需求。

②更好地服务用户。智慧安居的标准化有利于智慧安居应用系统的开发与使用，降低应用系统的开发成本，为用户的特殊需求和二次开发提供数据接口，极大地简化软件设计工作。同时，数据接口规范使得智慧安居应用系统用户摆脱了束缚，使得每个系统模块都能选用市场上最好的产品。

③促进相关技术产业化。标准和规范工作对于智慧安居相关技术的产业化的推动和促进作用是显而易见的。在统一的标准和规范框架下，可以允许更多的厂商参与市场和竞争，有利于在尽可能短的时间内形成基本的产业规模，有利于促进整个产业链条的闭合；有利于通过市场竞争来迅速降低产品的成本，借助于市场推广和应用，最终完成技术的产业化工作。

（3）公众层面

当今社会，生活中存在诸多安全隐患，如偷盗抢劫现象、老人孩子看护问题、煤气中毒和火灾事件等，给普通百姓带来很大的困扰与不便。浙江省大样本智慧城市需求调研发放了 1600 份问卷，对居民希望智慧城市建设带来什么进行了统计，结果显示，生活便利性占 66.5%，环境优越性占 53.6%，安全等基础设施的可行性占 38.5%，医疗的可靠便利占 38%。

6.3　智慧安居标准研制

6.3.1　标准研制背景

国家统计局公布数据显示，2015 年我国城镇化率达到 56.1%，比 2014 年提高了 1.33%。我国城镇化进程不断深入，党的十八大报告明确提出将工业化、信息化、城镇化和农业现代化作为全面建设小康社会的抓手，并强调以推进城镇化为重点，着力解决制约经济持续健康发展的重大结构性问题。同时《中共中央关于制定国民经济和社会发展第十三个五年规划的建议》中也指出促进新型工业化、信息化、城镇化、农业现代化同步发展，在增强国家硬实力的同时注重提升国家软实力，不断增强发展整体性，这充分显示了城镇化的重要地位。但在加快城镇化的过程中也存在一些挑战，如老龄化现象严重、社区公共服务能力不足、文化娱乐设施无法满足居民日益增长的需求等。而智慧安居建设能够很好地解决上述问题，给我国的城镇化建设添砖加瓦，进一步提升城镇化的质量。以往城镇化发展方式较为粗放，随着地方政府对城镇化的重视，需要在整个统筹规划方面融入智慧城市、智慧安居的一些理念，这样才能实现可持续发展的城镇化。

作为智慧城市应用领域之一，智慧安居是广泛应用物联网、云计算等先进技术，高度集成管理运行体系、信息化应用体系和基础支撑体系，建立和完善智慧型的社会服务管理工作大格局，保障安全、服务民生的惠民实事工程。智慧安居以居民服务为核心，为居民提供安全、高效、便捷的智慧化服务，涵盖智慧家居系统、智慧楼宇、智慧社区、智慧安防等诸多领域。仅智能家居产业一项，随着网络基础设施日臻完善、城镇化推进以及居民消费升级，预计到2020年智能家居行业产值有望突破1万亿元，市场潜力巨大。

当前我国智慧安居建设中，因为缺乏相应的国家标准和规范，普遍存在着条块分割现象严重、不同部门之间缺乏信息资源共享、业务系统之间缺乏有效协同与集成以及需求无法对接等共性问题，亟须确定智慧安居信息服务的重点领域和面向对象。构建智慧安居信息服务关键标准可以为企业开展智慧安居建设提供指导。随着智慧安居的广泛应用，可以充分发挥信息技术对城市发展和经济社会发展的引领支撑作用，有利于提高群众生活品质，有利于创新社会管理方式，有利于提高资源配置效率，有利于增强社会稳定性。

6.3.2 标准研制来源

根据国家标准化管理委员会2014年第一批国家标准制修订计划（国标委综合〔2014〕67号文）和2014年第二批国家标准制修订计划（国标委综合〔2014〕89号文）的要求，由浙江省标准化研究院牵头组织的《智慧安居信息服务资源分类与编码规则》（标准初始名称，标准计划号为20141169 – T – 469）、《智慧安居信息资源描述规范》（标准初始名称，标准计划号为20141170 – T – 469）、《智慧安居应用系统设计规范》（标准初始名称，标准计划号为20141936 – T – 469）和《智慧安居应用系统数据接口规范》（标准初始名称，标准计划号为20141937 – T – 469）等四项国家标准研制于2014年正式启动。

6.3.3 标准研制原则

四项国家标准研制按照 GB/T 1.1-2009《标准化工作导则 第 1 部分：标准的结构和编写》的要求和规定，确定标准的组成要素。同时在标准的研制过程中遵循了以下几个原则：

①与国家智慧城市产业发展政策相一致，同时结合国内智慧安居产业发展实际，作为推荐性标准，适用于智慧安居信息服务应用系统的规划、开发、运维和服务管理；

②在确定标准的具体技术指标时，广泛参考已有的相关产品国标、行标中所设定的技术要求，与已颁布实施的国内相关标准进行协调，保证标准的统一性和协调性；

③标准研制后为充分验证标准的实用性，选取示范企业开展标准测试验证工作，以确保标准的科学性和可实施性原则。

6.3.4 标准研制主要工程

此四项国家标准为首次制定，主要分为准备、起草、征求意见和修改等四个主要阶段，自标准制定任务下达，实施调研，成立标准制订工作组，到征求意见稿完成，总共经历 3 次标准制定会议、4 次研讨会和 3 次征求意见，标准起草制定过程历时近 2 年。

6.3.5 标准内容

目前此四项国家标准处于报批和国标委审核阶段，下面介绍的标准的名称和主要内容为阶段性成果，具体的标准名称和内容以实际发布的国家标准为准。

(1)《智慧安居信息资源分类与编码规范》

1) 适用范围

本标准规定了智慧安居信息服务资源分类与编码规则等内容。

本标准适用于智慧安居信息服务应用系统的规划、开发、运维和管理，可供智慧安居服务单位参考使用。

2）分类与编码原则

分类与编码应遵循下列原则。

A. 科学性原则

分类与编码规则应符合智慧安居信息服务对象的基本组织规则，信息分类视角选择应满足智慧安居信息服务资源的业务属性或特征分类需要，同时兼顾各领域传统信息的分类体系。

B. 系统性原则

信息分类体系结构应正确反映智慧安居信息服务要素与属性纵向、横向的体系结构，应将选定的分类对象的特征（或特性）按其内在规律系统化地进行排列，以形成一个逻辑层次清晰、结构合理、类目明确的分类体系。代码结构应与分类体系层次相匹配，对于分类对象的同级分类应采用相同的视角。

C. 一致性原则

分类与编码规则的设计应满足智慧安居信息服务要素与属性在同一信息服务资源中具有唯一编码，一个编码也只唯一表示一个采集的信息；应实现在信息编码和代码扩充、增删时，信息服务要素与其原有属性之间对应关系的稳定性和与原有信息概念和语义的一致性。

D. 可扩展性原则

编码内组成部分代码在各层内留有扩充位，用户可根据需要自行扩充，以保证分类对象增加时，不打乱已建立的分类体系，可根据实际情况进行类目扩充，扩充的类目应分别符合类目的设置规则。

E. 兼容性原则

以本规范分类码为前缀码，后续编码参考相关标准编码，优先使用现有的国家标准和行业标准，否则按本标准的各项原则自定义。

3）类型分类

A. 分类要求

智慧安居信息服务资源类型分类应满足以下要求：

①由某一上位类划分出的下位类的总范围应与该上位类的范围相同；

②当某一个上位类划分成若干个下位类时，应选择同一种划分视角；

③同位类之间不交叉、不重复，并只对应于一个上位类；

④分类应从高位向低位依次进行，不应有跳跃。

B. 分类体系

采用线分类法将信息服务资源分为门类、亚门类、大类、中类和小类五个层次，并规定了门类、亚门类、大类、中类的分类名称（见表6.1）。

表6.1 智慧安居信息服务资源的门类、亚门类体系及包含大类的个数

门类名称	亚门类名称	大类数
基础资源	服务基础信息资源	3
应用资源	资讯服务资源	4
	居家生活资源	5
	保障服务资源	5
	定制服务资源	4
	分析联动资源	2

4）编码规则

A. 编码格式

智慧安居信息服务资源分类编码共十位，编码格式如表6.2所示。

表6.2 编码格式

门类码	大类码	中类码	小类码	
第1位	第2、3位	第4、5位	第6、7位	不定位长
			引用标识	不定长标识符

左起前5位为第一部分，表示智慧安居分类码，采用三位字母＋两位数字的编码形式，字母为英文大写字符，第1位是门类编码，第2、3位是大类编码，第4、5位表示中类编码，从"01"开始，按流水码升序排列，适当预留区段代码。

左起第6位至第10位为第二部分，扩展标识码。扩展标识码的前两位（第6、7位）表示信息属性，信息属性后续的代码为不定长标识符，信息属性"00"表示后续位为本标准自定义编码，从"01"开始分别对应相关的国际标准。若第6、7位为"00"，则信息属性的后续位为两位数字自定义编码（第8、9位）；若第6、7位不为"00"，则后续位为外部引用编码，不定位长，直接引用对应标准编码。示例如图6.1所示。

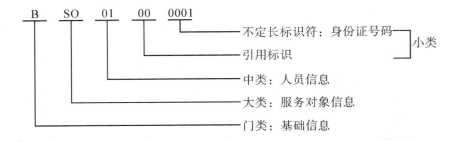

图6.1　编码示例

B．编码分类

智慧安居信息资源编码分类如表6.3所示。

表6.3　编码分类

分类名称	码位	资源名称
门类	1	B：基础资源（basic resources）
		A：应用资源（application resources）
亚门类		服务基础信息资源
		资讯服务资源
		居家生活资源
		保障服务资源
		定制服务资源
		分析联动资源
大类	2、3	SO：服务对象信息（service object information）
		SU：服务单位信息（service units information）
		LI：服务位置信息（location information）
		GA：政务信息（government affairs information）
		EI：紧急信息（emergency information）
		WI：天气信息（weather information）
		TI：出行信息（travel information）
		AI：活动信息（activity information）
		HI：家政服务（housekeeping information）
		EB：电子商务（e-business information）
		MS：医疗服务（medical server information）
		AI：报警求助（alarm information）
		VS：视频监控（video surveillance）

分类名称	码位		资源名称
			PE：人员出入（personnel entrance）
			VA：车辆出入（vehicle access）
			PM：车位管理（parking management）
			SI：订阅服务信息（subscribe information）
			HI：远程求助信息（help information）
			PI：定位跟踪信息（position information）
			CS：个性定制信息（customized information）
			EI：事件信息（event information）
			PM：预案管理（plan Management information）
中类	4、5	序列号	01
			……
			10
			11～99：保留
小类	6、7	引用标识（信息属性）	00：保留位（表示本标准自定义编码属性）
			01：GB/T 21062 3
			02：GA 329 2
			03：GB/T28181
			……
	8—10（不定长）	标识符	自定义编码采用2位定长方式
			外部引用编码，不定位长，直接引用对应标准编码

（2）《智慧安居信息资源描述规范》

1）适用范围

本标准规定了智慧安居信息服务资源内容与描述形式等内容。

本标准适用于智慧安居信息服务应用系统的规划、开发、管理，可供智慧安居服务单位参考使用。

2）元数据定义

A. 基本数据类型

基本数据类型如表6.4所示，包括字符串型、数值型、日期型、日期时间型、布尔型和二进制型等数据类型定义。

表6.4　基本数据类型

数据类型	数据类型的表示方法	备注
字符串型	C	可以包括字母字符、数字字符或汉字等在内的任意字符组合
数值型	N	由0～9构成的数字字符,包括整数和小数
日期型	YYYYMMDD	参照 GB/T 7408
日期时间型	YYYYMMDDhhmmss	参照 GB/T 7408
布尔型	B	两个且只有两个表明条件的值,如是/否,ON/OFF,TRUE/FALSE
二进制文件	BY	上述无法表示的其他数据类型,如图片、RM、AVI、MPEG等二进制流文件格式

B. 元数据属性

在 GB/T 24663 – 2009《电子商务　企业核心元数据》第4章中规定的元数据描述方法适用于本标准。

a. 中文名称

赋予元数据的一个中文标记。元数据实体名称在本标准范围内应唯一,元数据元素名称在元数据实体中也应唯一。

b. 英文名称

赋予元数据的一个英文名称。英文名称以牛津英语词典的英文拼写为准。

c. 缩写名

元数据的英文缩写名称。缩写名应遵循如下规则。

①缩写名在本标准范围内应唯一。

②缩写名不应包括任何空格、破折号、下划线或分隔符等。

③元数据实体缩写名应采用UCC（upper camel case）命名方式，即每个英文单词的首字母均大写，其他字母均为小写，并把这些单词组合起来；元数据元素缩写名应采用LCC（lower camel case）命名方式，即除第一个英文单词外，每个单词的首字母大写，其他字母均为小写，并把这些单词组合起来。

④对存在惯用英文名称缩写的，采用惯用缩写。

d. 定义

对元数据含义的解释，以使元数据与其他元数据在概念上相区别。

e. 数据类型

对元数据元素的有效值的规定和允许对该值域的值进行有效操作的规定，例如数值型、字符串、日期型、布尔型、二进制等。本标准中元数据实体为复合型。

f. 值域

元数据元素所允许值的集合。

g. 约束/条件

元数据的一个说明符，说明一个元数据是否应当总是在元数据中选用或有时选用（即有值）。该说明符分别为：

①M：必选，表明该元数据实体或元数据元素必须选择。

②C：一定条件下必选，当满足约束条件中所定义的条件时必须选择。条件必选用于以下三种可能之一：当在多个选项中进行选择时，至少有一个选项为必选，且必须使用；当一个元数据元素已经使用时，选用另一个元数据实体或元数据元素；当一个元数据元素已经选择了一个特定值时，选用另一个元数据元素。

③O：可选，根据实际应用可以选择也可以不选的元数据实体或元数据元素。已经定义的可选元数据实体和可选元数据元素，可指导部门元数据标准制定人员充分说明其信息。如果一个可选元数据实体未被使用，则该实体所包含的元素（包括必选元素）也不选用。可选元数据实体可以有必选元素，但只当可选实体被选用时才成为必选。

h. 最大出现次数

元数据在实际使用时可能重复出现的最大字数。只出现一次的表示为"1"，重复出现的表示为"N"。

i. 备注

元数据进一步的补充说明。

3）UML 描述

A. UML 模型符号

在 GB/T 28174.1 – 2011《统一建模语言（UML） 第1部分：基础结构》中规定的元数据描述方法适用于本标准，本标准采用统一建模语言（UML）描述元数据子集、元数据实体和元数据元素之间的关系。用 UML 中的包来表示元素数据子集，用类来表示元数据实体，用属性来表示元数据元素。

B. 服务对象元数据

服务对象元数据包采用 UML 包形式描述，主要包括人员信息、车辆信息、设备设施信息（见图6.2）。

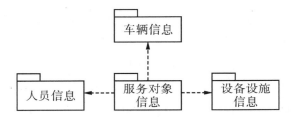

图6.2　服务对象元数据包

服务对象元数据包括人员信息、车辆信息、设备设施信息三个元数据实体（见图6.3）。

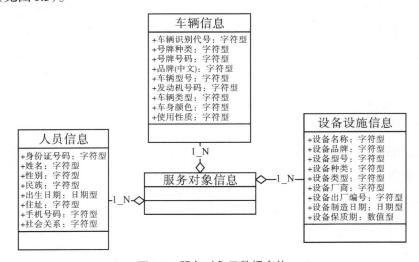

图6.3　服务对象元数据实体

C. 服务位置元数据

服务位置元数据包采用UML包形式描述（见图6.4）。

图6.4　服务位置元数据包

服务位置元数据实体如图6.5所示。

图6.5　服务位置元数据实体

D. 资讯服务元数据

资讯服务元数据包采用UML包形式描述，主要包括政务信息、紧急信息和天气信息（见图6.6）。

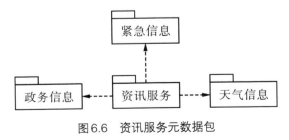

图6.6　资讯服务元数据包

资讯服务元数据包括政务信息、紧急信息和天气信息三个实体（见图6.7）。

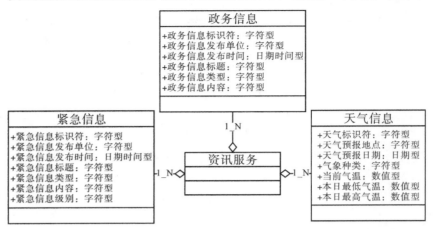

图6.7　资讯服务元数据实体

E. 居家生活元数据

居家生活元数据包采用UML包形式描述，主要包括出行信息、活动信息、家政服务、电子商务和医疗服务（见图6.8）。

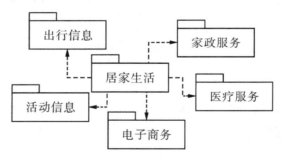

图6.8　居家生活元数据包

居家生活元数据包括出行信息、活动信息、家政服务、电子商务和医疗服务五个元数据实体（见图6.9）。

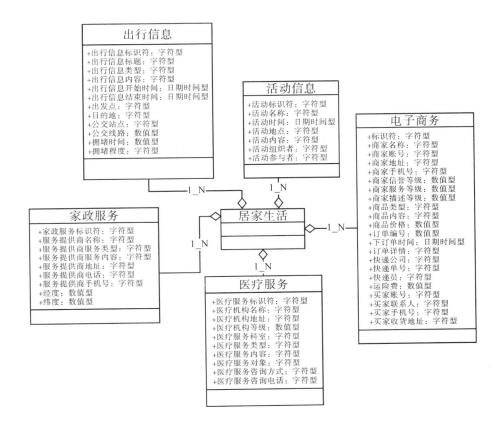

图6.9　居家生活元数据实体

F. 保障服务元数据

保障服务元数据包采用UML包形式描述，主要包括报警求助、视频监控、人员出入、车辆出入、车位管理（见图6.10）。

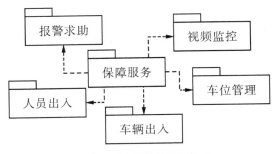

图6.10　保障服务元数据包

保障服务元数据包括报警求助、视频监控、人员出入、车辆出入和车位管理五个元数据实体（见图6.11）。

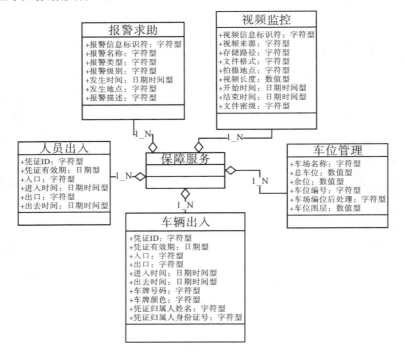

图6.11　保障服务元数据实体

G. 定制服务元数据

定制服务元数据包采用UML包形式描述，主要包括订阅服务信息、远程求助信息、定位跟踪信息、个性定制信息（见图6.12）。

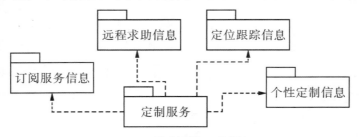

图6.12　定制服务元数据包

定制服务元数据包括订阅服务信息、远程求助信息、定位跟踪信息、个性定制信息四个元数据实体（见图6.13）。

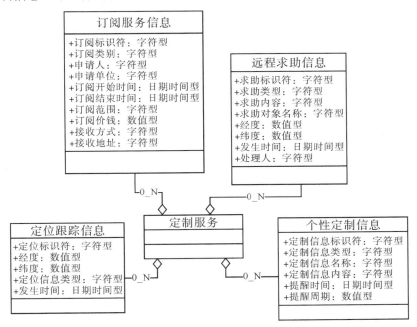

图6.13　定制服务元数据实体

H. 分析联动元数据

分析联动元数据包采用UML包形式描述，主要包括事件信息、预案管理（见图6.14）。

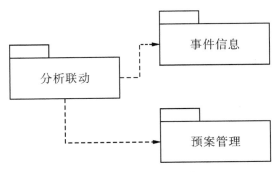

图6.14　分析联动元数据包

分析联动元数据包括事件信息、预案管理两个元数据实体（见图6.15）。

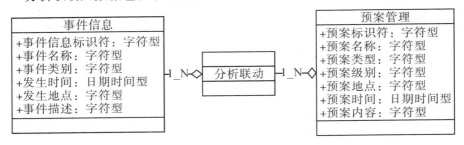

图6.15　分析联动元数据实体

（3）《智慧安居应用系统设计规范》

1）适用范围

本标准规定了智慧安居信息服务中资讯服务、居家生活、保障服务、定制服务、智慧运营及运维管理等基础应用描述。

本标准适用于智慧安居信息服务应用系统的规划、开发、运维和管理，可供智慧安居服务单位参考使用。

2）体系架构

智慧安居信息服务基础应用体系框架以智慧安居信息服务资源为基础，面向服务区域内居民，构建智慧安居信息服务应用系统，包括资讯服务、居家生活、保障服务、定制服务、智慧运营、运维管理等基础应用，并为综合应用平台提供资源接口（见图6.16）。

智慧安居信息服务应用系统通过资源接口向综合平台提供应用数据，如政务信息、天气信息、家政服务、商家黄页服务、视频浏览、出入口控制、订阅服务等。

3）构成分析

A. 资讯服务

资讯服务包括政府机构推送的各类服务信息、政务公开、政策法规和监督事项，以及各类突发灾害和危险事件的信息与应对方案。

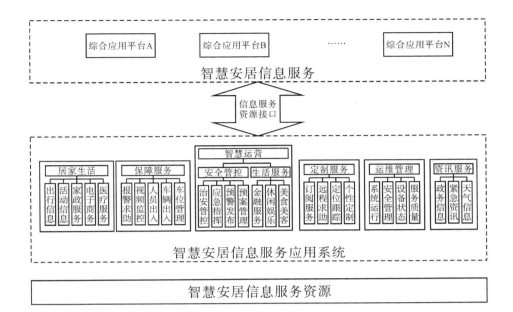

图6.16 智慧安居信息服务基础应用体系框架

B. 居家生活

居家生活包括实时路况、交通管制等出行信息，演唱会、庆典等活动信息，水电维修、钟点服务和搬家等家政服务，网上购物、交易活动等电子商务和相关医疗服务。

C. 保障服务

保障服务为智慧安居服务对象提供智能化的生活服务，包括报警求助、视频监控、人员出入、车辆出入、车位管理等。

D. 定制服务

定制服务为智慧安居服务对象提供个性化定制的各类便民服务信息，包括订阅服务、远程求助服务、定位跟踪服务以及个性定制服务。

E. 智慧运营

智慧安居的服务单位根据智慧安居信息资源，针对服务区域和服务对象的需求，运用智能分析技术，及时向服务对象发布治安防范预警信息，包括安全管控、生活服务。

F. 运维管理

智慧安居的服务单位应对设备进行日常维护保养、检查、监测以及维修，通过监控系统运行效率、系统可靠性等指标，及时保障和维护系统运行。

(4)《智慧安居应用系统数据接口规范》

1）适用范围

本标准规定了智慧安居信息服务资源调用接口的基本要求、接口定义等内容。

本标准适用于智慧安居应用系统的规划、开发、运维和管理，可供智慧安居服务单位参考使用。

2）接口基本要求

协议接口应采用REST架构风格定义，通过HTTP的方法动词提供REST服务，所涉及的信息服务资源采用XML或JSON进行封装。

HTTP URI 格式定义为：<protocol>://<ip>: <port>/<URI>?p1＝v1&p2＝v2&…&pn＝vn。其中，protocol支持http和https协议，ip指主机地址或域名，port指http请求所用的端口号，URI路径是"<SERVICE>/<resource>"，查询字符串参数以"p1＝v1&p2＝v2&…&pn＝vn"形式出现。

3）接口定义

A. 概述

智慧安居信息服务资源接口可将基础应用服务信息提供给智慧安居其他信息应用平台，包括资讯服务、居家生活、保障服务和定制服务，其中资讯服务以政务信息、天气信息获取为例进行接口说明，居家生活以家政服务、商家黄页服务为例进行接口说明，保障服务以视频浏览、出入口控制为例进行接口说明，定制服务以订阅服务等为例进行接口说明。

B. 资讯服务

a. 政务信息

政务信息 URI：http://<ip>:<port>/SR/System/AffairsInfo/Parameters。

政务信息请求 URI 变量说明具体如表6.5所示；政务信息查询请求参数具体如表6.6所示；政务信息查询响应参数具体如表6.7所示。

表6.5　URI变量说明

名　称	描述
SR	smart residing，缩写为"SR"
System	系统
AffairsInfo	政务资讯
Parameters	查询条件参数列表

表6.6　政务信息查询请求参数

字　段	类　型	是否必选	备注
Keywords	string	true	查询关键词
Category	string	false	根据关键词从指定政务资讯类型中进行查询

表6.7　政务信息查询响应参数

字　段	类　型	备注
Status	string	响应状态，成功或失败
Details	string	响应错误信息，正常为空
Total	integer	检索结果数量
Data	list	检索结果列表
PublishDept	string	政务信息发布单位
PublishTime	datetime	政务信息发布时间
Category	string	政务信息类型
Title	string	政务信息标题
Content	string	政务信息内容

b. 天气信息

天气信息 URI：http://<ip>:<port>/SR/System/WeatherInfo/Parameters。

天气信息请求 URI 变量说明具体如表6.8所示；天气信息查询请求参数具体如表6.9所示；天气信息查询响应参数具体如表6.10所示。

表6.8　URI变量说明

名　称	描述
SR	smart residing，缩写为"SR"
System	系统

续表

名称	描述
WeatherInfo	天气资讯
Parameters	查询条件参数列表

表6.9 天气信息查询请求参数

字段	类型	是否必选	备注
City	string	true	城市

表6.10 天气信息查询响应参数

字段	类型	备注
Status	string	响应状态,成功或失败
Details	string	响应错误信息,正常为空
Data	list	查询结果列表
City	string	天气预报城市
PlublishTime	datetime	天气预报时间
Type	string	天气种类
AirTemperature	string	当前气温
LowTemperature	string	当日最低气温
HighTemperature	string	当日最高气温

C. 居家生活

a. 家政服务

家政服务 URI：http://<ip>:<port>/SR/System/HouseKeepingInfo/Parameters。

家政服务请求 URI 变量说明具体如表6.11所示；家政服务查询请求参数具体如表6.12所示；家政服务查询响应参数具体如表6.13所示。

表6.11 URI变量说明

名称	描述
SR	smart residing,缩写为"SR"
System	系统
HouseKeepingInfo	家政资讯
Parameters	查询条件参数列表

表6.12　家政资讯查询请求参数

字段	类型	是否必选	备注
Keywords	string	true	查询关键词
Category	string	false	根据关键词从服务提供商服务类型中进行查询

表6.13　家政资讯查询响应参数

字段	类型	备注
Status	string	响应状态,成功或失败
Details	string	响应错误信息,正常为空
Total	integer	检索结果数量
Data	list	检索结果列表
Name	string	服务提供商名称
Category	string	服务提供商类型
Content	string	服务提供商服务内容
Addr	string	服务提供商地址
PhoneNumber	string	服务提供商电话
MobileNumber	string	服务提供商手机

b. 商家黄页服务

商家黄页URI：http://<ip>:<port>/SR/System/BusinessInfo/Parameters。

商家黄页请求URI变量说明具体如表6.14所示；商家黄页查询请求参数具体如表6.15所示；商家黄页查询响应参数具体如表6.16所示。

表6.14　URI变量说明

名称	描述
SR	smart residing,缩写为"SR"
System	系统
BusinessInfo	商家黄页
Parameters	查询条件参数列表

表6.15　商家黄页查询请求参数

字段	类型	是否必选	备注
Keywords	string	true	查询关键词

表6.16　商家黄页查询响应参数

字段	类型	备注
Status	string	响应状态,成功或失败
Details	string	响应错误信息,正常为空
Total	integer	检索结果数量
Data	list	检索结果列表
BusinessName	string	商家名称
BusinessAddr	string	商家地址
Contact	string	商家联系方式
Content	string	商家服务内容

D. 保障服务

a. 视频浏览服务

视频浏览URI：http://<ip>:<port>/SR/Media/Stream/Parameters。

视频浏览请求URI变量说明具体如表6.17所示；视频浏览请求参数具体如表6.18所示；视频浏览响应参数具体如表6.19所示。

表6.17　URI变量说明

名称	描述
SR	smart residing,缩写为"SR"
Media	媒体
Stream	视频流
Parameters	视频浏览参数列表

表6.18　视频浏览请求参数

字段	类型	是否必选	备注
DeviceID	string	true	设备ID
StreamType	string	false	码流类型

表6.19　视频浏览响应参数

字段	类型	备注
Status	string	响应状态,成功或失败
Details	string	响应错误信息,正常为空

续表

字段	类型	备注
IP	string	设备 IP
Port	string	设备端口
Profile	string	媒体描述信息
Url	string	视频流 URL

b. 出入口控制服务

出入口控制 URI：http://\<ip\>:\<port\>/SR/Control/Access/Parameters。

出入口控制请求 URI 变量说明具体如表6.20所示；出入口控制请求参数具体如表6.21所示；出入口控制响应参数具体如表6.22所示。

表6.20　URI 变量说明

名称	描述
SR	smart residing，缩写为"SR"
Control	控制
Access	出入口
Parameters	出入口控制参数列表

表6.21　出入口控制请求参数

字段	类型	是否必选	备注
DeviceID	string	true	设备 ID
Operation	string	false	操作类型

表6.22　出入口控制响应参数

字段	类型	备注
Status	string	响应状态，成功或失败
Details	string	响应错误信息，正常为空

E. 定制服务

a. 订阅服务

订阅服务 URI：http://\<ip\>:\<port\>/SR/Trigger/SubscribeInfo。

订阅服务请求 URI 变量说明具体如表6.23所示；订阅服务请求参数具体

如表6.24所示；订阅服务响应参数具体如表6.25所示。

表6.23　URI变量说明

名称	描述
SR	smart residing，缩写为"SR"
Trigger	触发器
SubscribeInfo	订阅

表6.24　订阅服务请求参数

字段	类型	是否必选	备注
Name	string	true	订阅名称
Category	string	true	订阅类型（资讯、报警等）
Applicant	string	false	申请人
ApplicationOrg	string	false	申请单位
StartTime	Datetime	false	订阅开始时间
StopTime	datetime	false	订阅结束时间
SubscribeInfoRange	string	false	订阅范围
ReceiveAddr	string	false	信息接收地址

表6.25　订阅服务响应参数

字段	类型	备注
Status	string	响应状态，成功或失败
Details	string	响应错误信息，正常为空

b. 通知服务

通知服务资源URI：http://\<ip\>:\<port\>/SR/Trigger/Notification。

通知服务请求URI变量说明具体如表6.26所示；通知服务请求参数具体如表6.27所示；通知服务响应参数具体如表6.28所示。

表6.26　URI变量说明

名称	描述
SR	Smart Residing，缩写为"SR"
Trigger	触发器
Notification	通知

表6.27　通知服务请求参数

字段	类型	是否必选	备注
Name	string	true	通知名称
Category	string	true	通知类型（资讯、报警等）
Content	string	true	通知内容

表6.28　通知服务响应参数

字段	类型	备注
Status	string	响应状态，成功或失败
Details	string	响应错误信息，正常为空

6.3.6　标准特点

　　"智慧安居"是智慧城市的一个应用，其标准化建设更关注应用性与服务性方面。已立项的"智慧安居"国家标准具备以上特点。另外，作为系列标准，智慧安居系列标准具备一定的关联性。《智慧安居信息服务基础应用描述》是基础，规定了应用系统的功能，包括但不限于资讯服务、居住商务等宜居服务功能，视频监控、事件管控、门禁管理、可视对讲、访客管理、停车管理等区域安全功能，安全管控、交通管控等智慧管控功能，用户管理、设备管理、故障报修等运维管理功能。围绕以上方面，其他三个标准分别对智慧安居的信息资源分类与编码、信息资源描述、应用系统数据接口做出了规定。因此，《智慧安居信息服务基础应用描述》引领了其他三个智慧安居标准的编写，其他三个标准是对前一个标准的补充。

第7章 智慧城市评价指标体系研究

7.1 智慧城市评价指标体系概况

7.1.1 智慧城市评价指标体系研究意义

目前，智慧城市建设的发展路径与模式仍处于不断探索实践的过程中，各方参与建设的主体（政府、企业、社会）在对发展目标的认知上存在一定差异。因此，在提出"智慧城市"发展战略的同时，亟待构建一套指向明确、科学合理、体系完善、可操作性强的智慧城市评价指标体系，以期较为准确地衡量智慧城市建设的主要进展与发展水平，为全国进行智慧城市示范试点项目建设程度、水平和效益评估提供统一参考，为有需求的地方扩展和建立各自的评价指标体系提供基础，也将为各级政府从整体上综合分析各城市智慧城市规划和建设提供依据。

（1）有助于城市明确其战略发展方向

我国各个城市在经济实力、社会资源、技术水平、基础设施建设水平、服务管理能力等方面存在较大差异，因此，针对不同发展水平的城市，不能采用一刀切的发展战略。通过系统阐述智慧城市内涵体系及发展规律，构建科学的智慧城市评估理论模型及具有系统性、前瞻性、操作性的评价指标体系，能够充分反映智慧城市的本质特点、发展规律及未来趋势，让各个智慧城市建设者清晰全面地了解城市自身发展状况、应用系统运行效果及存在的问题，进一步明确城市未来发展方向，为持续优化、构建最佳发展路径提供决策参考。

（2）智慧城市绩效评估有助于保障城市建设质量

智慧城市是一个复杂的巨系统，主要建设发展过程包括动态规划、协同建设、健康运营、科学评价、持续改进等环节，其中科学评价在整个过程中发挥着重要作用。智慧城市建设过程的每一个环节都应该开展相应的评估，保证各项建设工作在预期内高质量地完成。一方面，评估工作涉及模式、机制等宏观管理的考核，有利于规范各方的权利和责任；另一方面，评估工作能够及时发现建设过程中存在的问题和不足，并及时总结建设过程中的成功经验，指导下一步工作。

（3）智慧城市绩效评估有助于提升城市运行效果

智慧城市的服务管理覆盖了与公众密切相关的医疗、教育、社保、就业、交通、应急等贴近民生的关键领域，最能反映一个城市的智慧化程度。随着民众服务需求的不断升级，跨部门的业务和服务事项的不断增多，城市部门间的协调程度受到了很大的挑战；以绩效为驱动力能够有效提高城市各个服务部门的运行效果。首先，绩效评估能够从整体上把握不同领域的绩效水平；其次，绩效评估能够根据不同领域、不同部门、不同业务范畴的差异与特征，对服务管理的各个细节进行考核，通过绩效评估改善城市跨领域、跨部门的业务与服务水平，提升城市整体运行效果。

7.1.2　智慧城市评价指标体系研究目的

目前，随着我国智慧城市建设的不断深入，智慧城市发展水平评估的作用愈发凸显，科学衡量智慧城市建设成果已经成为规范和引导当前我国智慧城市建设发展的最重要的理性研究。通过评估掌舵智慧城市发展方向，可增强智慧城市建设信心，推动我国智慧城市快速、健康、有序发展。

基于当前我国智慧城市整体处于起步发展与试点示范阶段的现实状况，开展中国智慧城市信息化应用与服务发展水平评估工作，将达到以下目的。

①通过科学、系统的评价指标体系设计和实证分析，不断探索和总结智慧城市的本质特点、发展规律及未来趋势，规范、指导各地智慧城市规划建设，让各个智慧城市建设者比较清晰地看到自身发展的不足及未来改进的方向，进而引领我国智慧城市更加健康、高效、理性、快速地发展。

②通过标杆城市和优秀应用案例的评选，全面总结先进经验，建立互动交流平台，推广学习先进的经验和做法，为各地智慧城市建设提供参考与

支撑。

③通过科学评估智慧城市相关领域解决方案，找出实践性强、可复制的企业优秀解决方案，为智慧城市建设中遇到的共性问题、瓶颈问题的解决提供决策参考。

7.2 全球智慧城市评价指标体系研究

7.2.1 国内外智慧城市评价指标体系概况

国外有关智慧城市评价指标体系的研究始于2007年。国内的起步较晚，于2010年起，一些学者、研究机构开始关注智慧城市指标体系的构建工作，主要包括三个方面的内容：评价体系的框架、评价指标和评价方法。多数研究只是处于理论探索的层面，很少有实证分析的研究成果，相对于城市信息化测评指标体系较为成熟的研究而言，有关智慧城市评价指标体系的研究还处于探索阶段，尚未形成国家层面的智慧城市综合评价指标体系。国内外智慧城市评价指标体系概况如表7.1所示。

表7.1 全球智慧城市评价指标体系概况

序号	指标体系	应用范畴	评价层面	一级指标数	二级指标数	三级指标数
1	IBM商业价值研究	商业咨询	全球	4	21	37
2	维也纳技术大学	学术	欧盟	6	33	74
3	国际智慧城市组织	国际组织	全球	5		
4	上海浦东2.0	政府	区	6	18	37
5	宁波	政府	市	6	19	32
6	南京	政府	市	4	20	
7	北京	政府	市	4	19	
8	住建部	政府	区、镇	4	11	57
9	中国软件测评中心	产业研究	行业	3	8	53

续表

序号	指标体系	应用范畴	评价层面	一级指标数	二级指标数	三级指标数
10	工信部软件与集成电路促进中心	产业研究	行业	6	27	35
11	工信部电信研究院	产业研究	行业	2	9	25
12	中国工程院	产业研究	行业	5	20	
13	国家信息中心	产业研究	行业	6	32	76
14	北京国脉互联信息股份有限公司	商业咨询	产业界	7	16	
15	贝尔信公司	商业咨询	产业界	5	19	64
16	赛迪世纪	商业咨询	产业界	5	15	57

7.2.2 国内外智慧城市评价指标体系典型案例

（1）国际案例——以维也纳技术大学为例

综观国外关于智慧城市评价指标体系的研究，2007年维也纳技术大学
Giffinger教授提出的欧洲智慧城市评价体系是典型代表。它指出智慧城市应
能在六大领域具有前瞻性的优秀表现，这六大领域包括智慧经济、智慧交
通、智慧环境、智慧民众、智慧生活、智慧治理，共有31个二级指标、73个
三级指标，具体内容如表7.2所示。

表7.2 欧洲智慧城市评价指标体系

维度	二级指标	三级指标	权重/%
智慧经济	创新精神	GDP中R&D投入占比	17
		知识密集型产业员工雇用比例	
	创业能力	人均专利率	17
		自我雇佣率	
	经济形象和商标	新企业登记数	17
	生产率	作为决策中心的重要度	17
	劳动市场弹性	就业人口人均GDP	17
		失业率	

续表

维度	二级指标	三级指标	权重/%
	国际融入性	兼职雇佣比例	17
		国际股市上市公司的总部数量	
		航空乘客运输量	
		航空货物运输量	
智慧交通	本地网络接入能力	人均公共传输网络数	25
		对公共交通方便性的满意度	
		对公共交通质量的满意度	
	国际网络接入能力	国际接入方便性	25
	信息通信技术基础设施普及率	家庭拥有计算机数	25
		宽带互联网入户率	
	可持续、创新和安全的交通系统	绿色出行比例(非机动车个人交通出行方式)	25
		交通安全性	
		经济型车辆使用率	
智慧环境	自然环境吸引力	日照小时	25
		绿化率	
	污染度	夏天烟雾	25
		特别事件	
		人均致命的慢性下呼吸道疾病数	
	环境保护	保护自然的个人举措	25
		对自然保护的态度	
	可持续资源管理	水的有效使用(每单位GDP的使用量)	25
		电的有效使用(每单位GDP的使用量)	
智慧民众	素质水平	作为知识中心的重要性(一流研究中心和大学等)	14
		达到5～6级国际标准教育分类法人数	
		外语水平	
	终身学习的兴趣	居民人均借书率	14
		参与终身学习人数比例	
		参与语言课程人数	
	社会和民族多元性	外国人占比	14
		国外出生的国人比例	
	灵活性	找到新工作的感知	1
	创造力	创意产业中工作人数比例	14

续表

维度	二级指标	三级指标	权重/%
智慧生活	开放性	欧洲选举中投票率	14
		移民友好型的环境（对移民的态度）	
		对欧盟的了解	
	公共生活参与度	城市选举投票率	14
		参加志愿者工作	
	文化设施	人均看电影次数	14
		人均参观博物馆次数	
		人均看戏剧次数	
	健康条件	人均寿命	14
		人均病床数	
		人均医生数	
		对医疗体系质量满意度	
	个人安全	犯罪率	14
		遭袭击死亡率	
		对个人安全满意度	
	居住质量	达到最低标准化住房比例	14
		人均生活面积	
		对个人住房条件满意度	
	教育设施	人均学生数	14
		对进入教育系统满意度	
	旅游吸引力	对旅游者位置的重要性	14
		每年人均过夜数	
	社会凝聚力	对个人贫困风险的感知	14
		贫困率	
智慧治理	民众参与决策	居民城市代表数	33
		居民的政治活动	
		政策对于居民的重要性	
		女性城市代表所占份额	
	公共与社会服务	政府采购机构中市政人均费用	33
		进入托儿所的儿童比例	
		对学校质量满意度	
	治理透明性	对官僚机构透明性的满意度	33
		对反腐工作的满意度	

注：本表三级指标权重按四舍五入取整数，指标权重加总后可能不是100%。

　　欧洲的智慧城市评价指标体系涵盖了城市的方方面面，较为详尽。但是这一体系没有结合我国现有国情，并不适合我国智慧城市的评价。并且，这一指标体系中主观指标比例过大，我国国土辽阔，城市规模也相对较大，主观指标的量化一般需要调查问卷或者专家评分，这种方式很难客观直接地反映我国城市的智慧化进程，所以可以进行量化的硬性指标更适用于我国智慧城市的评价。

（2）国内案例——以"上海、宁波"为例

1）上海浦东2.0

　　2011年7月，上海浦东智慧城市发展研究院正式对外发布《智慧城市指标评价体系1.0》，这是国内首个发布的智慧城市指标体系。随后该研究院在2012中国智慧城市高峰论坛上又发布了《智慧城市指标评价体系2.0》，该指标体系主要包括智慧城市基础设施、智慧城市公共管理和服务、智慧城市信息服务经济发展、智慧城市人文科学素养、智慧城市市民主观感知、智慧城市软环境建设等6个维度，包括18个要素、37个指标，具体内容如表7.3所示。

表7.3　上海浦东智慧城市评价指标体系

维度	二级指标	三级指标
智慧城市基础设施	宽带网络建设水平	家庭光纤可接入率
		主要公共场所无线网络覆盖率
		户均网络接入水平
智慧城市公共管理和服务	智慧化的政府服务	行政审批事项网上办理水平
		政府非涉密公文网上流转率
	智慧化的交通管理	智能公交站牌建设水平
		市民交通诱导信息使用率
	智慧化的医疗体系	市民电子健康档案建档率
		病历电子化率
	智慧化的环境保护	环境质量自动化监测比例
		重点污染源监控水平
		智慧化的能源管理
	家庭智能表具安装率	新能源汽车比例
		建筑物数字化节能比例

维度	二级指标	三级指标
	智慧化的城市安全	重大突发事件应急系统建设率
		危化品运输监控率
	智慧化的教育体系	城市教育支出水平
		网络教学比例
	智慧化的社区管理	社区综合信息服务能力
智慧城市信息服务经济发展	产业发展水平	信息服务业增加值占地区生产总值比重
		信息服务业从业人员占社会从业人员总数的比例
	企业信息化运营水平	企业网站建站率
		企业电子商务行为率
		企业信息化系统使用率
智慧城市人文科学素养	市民收入水平	人均可支配收入
	市民文化科学素养	大专及以上学历占总人口比重
	市民生活网络化水平	市民上网率
		家庭网购比例
智慧城市市民主观感知	生活的便捷感	交通信息获取便捷度
		城市医疗信息获取便捷程度
		政府服务信息获取便捷程度
	生活的安全感	食品药品安全电子监控满意度
		环境安全信息监控满意度
		交通安全信息系统满意度
	智慧城市软环境建设	智慧城市规划设计
		智慧城市发展规划
	智慧城市组织领导机制	智慧城市氛围营造

资料来源：浦东信息化网络。

　　《智慧城市评价指标体系2.0》主要是在《智慧城市指标体系1.0》基础上，基于城市"智慧化"发展理念，统筹考虑城市信息化水平、综合竞争力、绿色低碳、人文科技等方面的因素综合而成。其目的主要是较为准确地衡量和反映智慧城市建设的主要进度和发展水平，为进一步提升城市竞争力、促进经济社会转型发展提供有益参考。

　　2）宁波智慧城市评价指标

　　宁波市智慧城市规划标准发展研究院联合咨询机构以及浙江大学等著名

高校的研究团队共同探讨、草拟了"智慧城市发展评价指标体系"。整个指标体系由6个一级指标（分别是智慧基础设施、智慧治理、智慧民生、智慧产业、智慧人群和智慧环境）、17个二级指标、39个三级指标构成，评估要点达119项，具体内容如表7.4所示。

表7.4 宁波智慧城市发展评价指标体系

维度	二级指标	三级指标
智慧基础设施	信息网络设施	宽带网络
		三网融合
	信息共享基础设施	公共云计算中心
		信息安全服务
		政务云
	城市基础设施	重点领域信息化转型
智慧治理	智慧政务	决策能力
		政务服务及透明度
		业务协同水平
	智慧公共管理	智慧交通
		智慧城管
		智慧管网
		智慧安防
		智慧食品药品管理
		公众与社会参与度
智慧民生	智慧社会保障	社保体系建设水平
		社保信息化服务水平
	智慧健康保障	健康保障信息化服务水平
	智慧教育文化	教育文化信息化服务水平
	智慧社区服务	社区信息化服务水平
智慧产业	投入产出比	万元GDP资源消耗率
	"两化"融合	"两化"融合环境
		"两化"融合水平
		"两化"融合效益
智慧人群	信息利用能力	信息产品的应用
		信息资源的利用
	创新能力	创新环境
		知识创新能力

维度	二级指标	三级指标
智慧环境	人才质量	高等教育状况
		高级人才情况
		人才引进情况
	生态保护	环境建设水平
		环保信息化水平
	资源利用	资源节约水平
		资源智能化应用
	软环境建设	组织体系
		规划政策
		法规标准
		城市品牌

资料来源：宁波智慧城市研究院。

宁波智慧城市评价体系从六个方面深入、详尽地描述了智慧城市的各个细节，相比国外的评价体系，该指标体系更符合我国国情。不足之处在于该评价指标体系过于具体，且一些指标之间存在关联、重复：一方面，无法保证数据的可获取程度，这给智慧城市的打分和评价带来了繁重的工作量；另一方面，指标之间的覆盖和交叉影响评价结果的正确性，因而不利于操作和实施。

7.2.3　国内外智慧城市指标体系比较分析

本节主要从技术导向、指标投入产出效益、主客观以及动静态等角度对现有的具有代表性的指标体系进行全面直观的分析。

(1) 从技术导向视角分析

将最低级指标按照技术导向原则分为硬件技术类和非硬件技术类指标。分析表明，对于智慧城市的评价，内地城市和研究机构偏重技术和硬件基础设施，而欧盟城市指标更注重技术突破和基础设施建设的效果（见表7.5）。

表7.5　硬件技术相关指标比重

指标体系	硬件技术相关指标比重/%	其他比重/%
IBM商业价值研究	33.33	66.67
维也纳技术大学	4.05	95.95
国际智慧城市组织	15.55	84.45
上海浦东2.0	21.88	78.12
宁波	48.72	51.28
南京	26.09	73.91
北京	26.32	74.68
中国软件测评中心	30.78	69.22
贝尔信公司	25.32	74.68

从表7.5可以发现，欧盟城市评价体系中与技术和硬件相关的指标较少，仅包括ICT基础覆盖度，例如家庭平均电脑数和家庭宽带覆盖率等。IBM和贝尔信公司在技术类指标上比重最高，这可能缘于他们作为信息技术和业务解决方案公司，在其评价方法中每一个领域都安排了对基础设施投入和信息管理系统的评估。而内地一些研究机构在硬件技术相关指标所占比重相对较高，除了家庭ICT设施之外，还包含各类传感终端、WLAN接入等方面。欧盟两个指标体系对技术较少涉及，其指标更注重技术与硬件所带来的结果，例如欧盟指标体系中的人均公共交通网络、宽带网络带动的民间投资等。

（2）从投入、产出、效益视角分析

将最低级指标分为投入、产出和效益三类指标进行分析表明，欧盟和国际智慧城市组织指标体系注重最终的效益，IBM、贝尔信公司和南京较注重投入指标，而国内研究机构指标体系中效益指标比重较小（见表7.6）。

表7.6　投入产出相关指标比重

指标体系	投入指标比重/%	产出指标比重/%	效益指标比重/%
IBM商业价值研究	52.63	8.77	38.60
维也纳技术大学	5.41	20.27	74.32
国际智慧城市组织	20.25	21.45	58.30
上海浦东2.0	12.31	63.07	24.62
宁波	20.51	56.41	23.08

续表

指标体系	投入指标比重/%	产出指标比重/%	效益指标比重/%
南京	43.47	47.83	8.70
北京	15.78	67.12	17.1
中国软件测评中心	32.12	42.56	25.32
贝尔信公司	55.32	11.48	33.20

注：每个值代表该类型指标占最末级指标总数的百分比。

从表 7.6 不难发现，IBM 和贝尔信公司较重视投入，这也与 IBM 提出的智慧城市内涵偏重技术突破相吻合；国内的一些研究机构指标体系中效益的占比较小，可能的原因是我国智慧城市研究较晚于欧盟，很多智慧项目处于建设阶段，并没有产生具体的效益，随着智慧城市在我国的建设和运行，这方面的指标会越来越多。欧盟指标体系中大部分的评价标准都与效益相关，可能是因为该指标体系设立的目的在于对各个城市智慧程度进行排名，其着眼点在于对效益的评估而非对政府工作本身的评估。

(3) 按主客观视角分析

将最低级指标分为主观和客观两类指标进行分析表明，国际智慧城市组织、中国软件测评中心、浦东、欧盟指标体系偏重公民体验等主观指标，而 IBM 和贝尔信公司则以客观指标为主（见表 7.7）。

表 7.7　主客观指标比重

指标体系	主观指标比重/%	客观指标比重/%
IBM 商业价值研究	0	100
维也纳技术大学	13.51	86.49
国际智慧城市组织	25.67	74.33
上海浦东 2.0	14.06	78.12
宁波	5.13	94.87
南京	4.35	95.65
北京	10.52	89.48
中国软件测评中心	15.26	84.74
贝尔信公司	2.35	97.65

从表7.7可以看出，国际智慧城市组织作为一个全球性的组织，其包容性较强。在评价不同国家地区的智慧城市建设时，客观指标过多可能会使评价结果的可比性较差，所以国际智慧城市组织对于公民的主观体验和感知最为重视。欧盟等指标体系分别就各项内容设立了相关的公民满意度指标，如欧盟指标体系中的"教育质量满意度、个人安全感、医疗系统满意度"等。IBM和贝尔信公司并未直接在其评估中提及公民主观满意度评价的指标，这可能与商业公司的角色有关，其着眼点更侧重于盈利和效率，而其他指标的制定机构大多为政府或学术机构。南京指标体系中仅有一条提及公民的主观体验，即"城市公共服务满意度调查"，且较为笼统，没有就各项公共服务设立指标分项。

（4）动静态结合情况

国际智慧城市组织、中国软件测评中心的指标体系都设立了现状以及多个未来阶段目标值，分时间段进行评估，并在指标体系中反映了城市进步的程度。上海浦东2.0的指标体系强调城市不同历史阶段可根据指标进行科学比较的原则，随时针对指标体系进行动态调整。欧盟评价指标体系的各项指标仅包含评价期间被评价城市的指标数值，作为针对智慧城市建设现状的整体评估，而没有能够反映所有被评价城市的起始水平，同时也没有反映出城市发展的未来潜力。

7.3 智慧城市指标评价体系构建分析

7.3.1 评价指标的选择

（1）指标选择要强调产出效益

智慧城市评价的一个重要意义是帮助考察战略规划的效果，针对效益情况对输入做出调整。因此智慧城市的评价指标既要体现投入，更要强调产出效益。但是需要注意，部分投入不一定能在短期内反馈产出效益，而是需要长期的过程才能体现效益，或者是在一定条件下才能发挥作用。

（2）指标选择要主客观相结合

客观指标虽准确且易获得，但不能反映智慧城市的受益者对建设的满意程度。主观指标虽能反映出公民对智慧城市建设成果的体验与评价，但可能因个人标准不同而产生偏差。因此，对于一个科学的评价指标体系来说，主观指标与客观指标的设立应当配套。

（3）指标选择应具备动态性

智慧城市是一个持续发展的概念，不同城市的发展起点和速度也不尽相同，在评估智慧城市时要强调指标的动态性，指标内容及权重应随着社会发展和智慧城市功能定位而调整，综合考虑城市的进步程度及其其他潜力。

（4）指标选择要重视城市个性

为了避免智慧城市建设形成模式化和缺乏特色，应在制定智慧城市评估指标的过程中体现城市的特点，同时给出指标体系使用原则。各类城市的定位、发展方向各异，在建立本地智慧城市评价指标体系时，要做好顶层规划设计，理清目标需求，从长远发展和长期规划出发，制定出具有自己发展特色的指标体系。

7.3.2 评价方法的选择

（1）指标权重计算方法

指标的权重是指该指标在整体评价中的相对重要程度。权重越大，该指标对最终目标越重要，影响力越大。权重的确定会对最终评价结果的科学性和可信度有一定影响。没有权重的评价是不客观的评价。根据原始数据的来源与计算方法，目前国内外确定权重的方法可分为两类：一类为主观赋权法，一类为客观赋权法。另外，在数据挖掘算法领域，也可以实现数据的特征选择和变量重要性的计算。

顾名思义，主观赋权法就是主观地对各个指标赋予权重，一般都是由专家根据经验给各个指标打分或者赋值，然后再对指标进行综合评估，如层次分析法、专家调查法（Delphi法）、模糊分析法、二项系数法、环比评分法、最小平方法、序关系分析法（G1法）等。主观赋权法的缺点是主观性太强，不同专家给予各个指标的权重出入较大，可能造成权重的平均化，很难保证指标权重的科学性。客观赋权法主要是依据指标本身实际的、具体的、精确的数据，依据一定的计算方法，计算得到每个指标的权重，求权重过程不受主观的、人为的因素影响，是客观的、科学的，主要有熵值法、主成分分析法、多目标规划法、均方差法、变异系数法、最大离差法。其中熵值法、主成分分析法用得较多。

我们认为在智慧城市指标权重计算方法上可以根据不同模块选择不同方法。建设管理层、信息基础设施层多涉及基础建设，较少涉及居民感受，宜采用基于客观分析的方法计算指标权重。信息化应用与服务层涉及面广，包括应用服务效果和居民的感知，甚至包括投入产出和效益等，宜采用主客观分析结合的方法，对指标类型进行细分，分别判断和选择适合的计算方法。另外，对于可获得的输出变量去衡量的指标，可以采用基于数据挖掘算法的特征选择来进行指标变量的筛选和权重计算。

（2）综合评价方法

在确定评价指标权重之后，就要采用适当的方法对其进行综合评价。目前综合评价有多种方法，如传统的综合指数法、TOPSIS法、层次分析法、模糊综合评价法、灰色系统法等，还有数据挖掘领域的神经网络法、遗传算法等。这些方法各有利弊，各具特色。综合评价的要点主要包括：要有一定数量的可测量或可量化的指标；要有一个或多个评价的对象，对象可以是人、城市、方案或者科研成果等；根据前述指标以及相对应数据计算一个综合指标值，然后依据大小对评价对象优劣程度进行排序。

不同评价对象适用不同的评价方法，怎样使评价法更为准确和科学，是值得不断研究的课题。目前关于智慧城市评价的国内实证研究有限，多数只是在理论探索的层面，很少见实证分析的研究成果。由于智慧城市评价涉及指标较多，可能存在大量相关性较强的指标，而数据挖掘方法是一个比较好的选择，可以避免指标相关带来的干扰（如神经网络法、遗传算法、支持向量机等）。

参考文献

[1]毛光烈.智慧城市建设实务研究[M].北京:中信出版社,2013.

[2]毛光烈.加快建设智慧城市 全面提升经济社会发展水平[J].宁波经济,2010(10):6-8.

[3]毛光烈.致力于"一揽子"解决问题——谈谈智慧城市建设的商业、商务或服务模式创新[J].信息化建设,2012(4):28-31.

[4]毛光烈.建设智慧城市 浙江继续走在前列的战略选择[J].今日浙江,2012(7):10-11.

[5]毛光烈.建设智慧浙江,应该这样推进[J].信息化建设,2013(3):16-17.

[6]毛光烈.智慧城市建设的管理与制度创新——从相关案例分析探究[J].信息化建设,2012(11):10-13.

[7]毛光烈.智慧城市需"标准化"建设[J].信息化建设,2012(10):10-12.

[8]毛光烈.中国智慧城市建设路径与方式[J].经济导刊,2012(9):28-33.

[9]郭理桥.中国智慧城市标准体系研究[M].北京:中国建筑工业出版社,2013.

[10]仇保兴.中国智慧城市发展研究报告[M].北京:中国建筑工业出版社,2013.

[11]陈畴镛,周青.智慧城市建设:主导模式、支撑产业和推进政策[M].杭州:浙江大学出版社,2014.

[12]谢秉正.中国智慧城市建设纵论[M].南京:江苏科学技术出版社,2013.

[13]朱桂龙,樊霞.智慧城市建设理论与实践[M].北京:科学出版社,2015.

[14]吕康娟,帅萍,孙覃玥.世界智慧城市案例:实践与经验[M].北京:社会科学文献出版社,2015.

[15]李扬,潘家华,魏后凯,等.智慧城市论坛NO.1[M].北京:社会科学文献出版社,2014.

[16]余红艺.智慧城市:愿景、规划与行动策略[M].北京:北京邮电大学出版社,2012.

[17]徐静,谭章禄.智慧城市:框架与实践[M].北京:电子工业出版社,2014.

[18]陈江岚,王兴全.智慧城市论丛[M].上海:上海社会科学院出版社,2011.

[19]Rosabeth M K,Litow S S. Informed and Interconnected: A Manifesto for Smarter Cities[J]. Ssrn Electronic Journal,2009.

[20]Hogan J,Meegan J,Parmar R,et al. Using standards to enable the transformation to smarter cities[J]. Ibm Journal of Research & Development,2011,55(1.2):42-51.

[21]Nuaimi E A,Neyadi H A,Mohamed N,et al. Applications of big data to smart cities[J].

Journal of Internet Services & Applications,2015,6(1):1 – 15.

[22]中国电子技术标准化研究院.中国智慧城市标准化白皮书[R].北京:中国电子技术标准化研究院,2014.

[23]程大章.智慧城市导顶层设计导论[M].北京:科学出版社,2012.

[24]顾德道.智慧城市评估的若干对策建议[J].高科技与产业化,2013,9(6):51 – 55.

[25]李德仁,姚远,邵振峰.智慧城市的概念、支撑技术及应用[J].工程研究:跨学科视野中的工程,2012(4):313 – 323.

[26]巫细波,杨再高.智慧城市理念与未来城市发展[J].城市发展研究,2010(11):56 – 60.

[27]李贤毅,邓晓宇.智慧城市评价指标体系研究[J].电信网技术,2011(10):43 – 47.

[28]王静.基于集对分析的智慧城市发展评价体系研究[D].广州:华南理工大学,2013.

[29]闫海.我国智慧城市建设水平评价研究[D].太原:太原科技大学,2013.

[30]陆化普,李瑞敏.城市智能交通系统的发展现状与趋势[J].工程研究:跨学科视野中的工程,2014(1):6 – 19.

[31]颜鹰,刘璇,陈晓蓉.浙江省首批智慧城市示范试点项目标准化工作研究[J].科技管理研究,2014(8):103 – 106.

[32]张毅威,丁超杰,闵勇,等.欧洲智能电网项目的发展与经验[J].电网技术,2014,38(7):1717 – 1723.

[33]李慧敏,柯园园.借鉴欧盟经验完善智慧城市顶层设计[J].世界电信,2014(6):44 – 46.

[34]方媛,林德南.智慧医疗研究综述[J].新经济,2014(19):70 – 72.

[35]游世梅.智慧医疗的现状与发展趋势[J].医疗装备,2014(10):19 – 21.

[36]万碧玉,姜栋,周微茹.国家智慧城市试点与标准化建设探索[J].中兴通讯技术,2014(4):2 – 6.

[37]杨锋,任雪佳,邢立强,等.智慧城市标准化发展研究[J].中国经贸导刊,2014(17):4 – 9.

[38]于凤霞.i-Japan战略2015[J].中国信息化,2014(13):13 – 23.

[39]李宁,龚恺,颜鹰.智慧城市评价指标体系探讨[J].标准科学,2014(10):6 – 10.

[40]袁媛,王潮阳,董建.搭建我国智慧城市标准体系[J].信息技术与标准化,2013(Z1):27.

[41]颜鹰,刘璇.智慧城市标准化建设的创新策略[J].中国标准化,2013(2):81 – 83.

[42]王思雪,郑磊.国内外智慧城市评价指标体系比较[J].电子政务,2013(1):92 – 100.

[43]孙静,刘叶婷.智慧城市评价指标体系的现状分析[J].信息化建设,2013(2):30 – 31.

[44]郦月飞.智慧城市建设的关键技术研究[J].企业技术开发,2013(3):82 – 83.

[45]侯晓峰,滕腾.云计算参考架构在央企信息化中的应用[J].信息技术与标准化,2013(3):26 – 29.

［46］李建功,唐雄燕. 智慧医疗应用技术特点及发展趋势［J］. 医学信息学杂志,2013(6):2 - 7.

［47］陈志峰,王洁萍,李海波,等. 云计算数据中心参考架构及标准研究［J］. 信息技术与标准化,2013(5):39 - 41.

［48］徐华峰,夏创,孙林. 日本ITS智能交通系统的体系和应用［J］. 公路,2013(9):187 - 191.

［49］王洪涛,王伟力. 浙江省智慧高速一期工程设计和实施回顾［J］. 中国交通信息化,2013(11):110 - 114.

［50］张永刚,岳高峰. 我国智慧城市标准体系研究初探［J］. 标准科学,2013(11):14 - 18.

［51］朱虹. 我国智慧城市发展现状及标准化建设思考［J］. 标准科学,2013(11):10 - 13.

［52］李志清. 广州智慧城市评价指标体系研究［J］. 探求,2014(6):9 - 13.

［53］冯浩,汪江平,高伟俊,等. 日本智慧城市建设的现状与挑战［J］. 建筑与文化,2014(12):111 - 112.

［54］刘小明,何忠贺. 城市智能交通系统技术发展现状及趋势［J］. 自动化博览,2015(1):58 - 60.

［55］王伟,杜彦洁,刘甲男,等. 基于城市发展需求理论的智能电网支撑智慧城市评价指标体系研究［J］. 华东电力,2014(11):2260 - 2265.

［56］颜鹰,刘璇,李宁. 基于SWOT分析的浙江智慧城市标准化建设战略研究［J］. 标准科学,2014(12):38 - 41.

［57］吴志强,柏旸. 欧洲智慧城市的最新实践［J］. 城市规划学刊,2014(5):15 - 22.

［58］范明天,张毅威,张祖平,等. 欧洲的智能电网技术标准化工作［J］. 供用电,2015(3):34 - 40.

［59］万碧玉. 国家智慧城市试点标准化建设研究［J］. 建设科技,2015(5):30 - 33.

［60］崔鲜花. 韩国创造经济的主轴——智能电网［J］. 山东社会科学,2015(S1):213 - 217.

［61］李彬,魏红江,邓美薇. 日本智慧城市的构想、发展进程与启示［J］. 日本研究,2015(2):36 - 44.

［62］熊枫. 云计算时代的智慧城市建设研究［J］. 湖南科技大学学报(社会科学版),2015(4):120 - 125.

［63］陆由,彭帮斌,高长松. 基于大数据的汉十智慧高速管理体系建设与研究［J］. 中国交通信息化,2015(8):92 - 94.

［64］李宁,陈紫菱,刘若微. 智慧安居应用系统标准化研究［J］. 信息技术与标准化,2015(7):41 - 44.

［65］万碧玉. 智慧城市标准化建设势在必行［J］. 经济,2015(10):80 - 81.

［66］王红霞. 北京智慧城市发展现状与建设对策研究［J］. 电子政务,2015(12):97 - 103.

[67]麦绿波.标准的起源和发展的形式(下)[J].标准科学,2012(4):6-10.

[68]麦绿波.标准的起源和发展的形式(上)[J].标准科学,2012(4):6-10.

[69]张鑫洋.北京"智慧城市"评价指标体系研究[J].中国外资,2012(20):162-163.

[70]顾德道,乔雯.我国智慧城市评价指标体系的构建研究[J].未来与发展,2012,35(10):79-83.

[71]谭福有.标准的种类和分级[J].信息技术与标准化,2006(Z1):52-56.

[72]杨吉江,邢春晓.国外典型电子政务顶层设计的比较研究[J].电子政务,2006(3):6-24.

[73]邝兵.标准化战略的理论与实践研究[D].武汉:武汉大学,2011.

[74]袁远明.智慧城市信息系统关键技术研究[D].武汉:武汉大学,2012.

[75]周骥.智慧城市评价体系研究[D].武汉:华中科技大学,2013.

[76]秦学.智慧政务业务协同关键技术研究[D].武汉:武汉大学,2013.

[77]董秀云.福建省农业标准化建设及其效果评价研究[D].福州:福建农林大学,2013.

[78]冯艳英.标准化系统结构模型构建及系统功能优化研究[D].北京:中国矿业大学,2015.

[79]郑春梅.城市管网空间信息共享与服务平台关键技术研究[D].北京:中国地质大学,2014.

[80]夏洋.城市智能交通系统的设计研究以及发展策略[D].西安:长安大学,2012.

[81]段虹.智慧城市建设及评价体系研究[D].上海:上海交通大学,2014.

[82]时洪禹.火电企业安全生产标准化建设项目评价研究[D].北京:华北电力大学,2014.

[83]李建军.电网物资管理标准化建设项目评价研究[D].北京:华北电力大学,2014.

[84]涂旭明.浙江省智慧城市建设实现路径研究[D].上海:华东政法大学,2014.

[85]杨彦林.杭州市农业标准化建设研究[D].杭州:浙江大学,2014.

[86]朱颖.智慧政务系统设计及其关键技术研究[D].南京:南京师范大学,2014.

[87]张伟.智慧城市建设中的关键技术应用研究[D].西安:长安大学,2014.

[88]常文辉.智慧城市评价指标体系构建研究[D].开封:河南大学,2014.

[89]陈铭,王乾晨,张晓海,等."智慧城市"评价指标体系研究——以"智慧南京"建设为例[J].城市发展研究,2011(5):84-89.

[90]李立理,张义斌,葛旭波.美国智能电网发展模式的系统分析[J].能源技术经济,2011(2):27-35.

[91]吴吉朋.浅谈云计算与智慧城市建设[J].电子政务,2011(7):23-27.

[92]王璟璇,于施洋,杨道玲,等.电子政务顶层设计:国外实践评述[J].电子政务,2011(8):8-18.

[93]于施洋,王璟璇,杨道玲,等.电子政务顶层设计:中国实践进展[J].电子政务,2011(8):

30 – 37.

[94]李贤毅,邓晓宇.智慧城市评价指标体系研究[J].电信网技术,2011(10):43 – 47.

[95]郭素娴.智慧城市评价指标体系的构建及应用[D].杭州:浙江工商大学,2013.

[96]郑天鹏.电子政务顶层设计:国际比较与中国策略[D].长春:吉林大学,2014.

[97]李阳晖,罗贤春.国外电子政务服务研究综述[J].公共管理学报,2008(4):116 – 121.

[98]方华.基层行政服务中心公共服务标准化建设问题研究[D].南京:南京理工大学,2012.

[99]贾智捷.廊坊市智慧城市建设模式研究[D].北京:中国科学院大学,2015.

[100]范中华.高速公路智慧交通平台与初步应用研究[D].重庆:重庆交通大学,2015.

[101]康红霄.智慧政务模型构建及其推广研究[D].秦皇岛:燕山大学,2015.

[102]焦黎帆.我国智慧城市建设与政府管理问题研究[D].西安:西安建筑科技大学,2015.

[103]史豪.农业标准化理论与实践研究[D].武汉:华中农业大学,2004.

[104]吕宁宁.韩国电子政务发展战略与策略对我国的启示[D].延吉:延边大学,2013.

[105]张紫.新加坡打造"智慧国"电子政务排名全球首位[J].计算机与网络,2015,41(23):7.

[106]何帆,康祝婷,罗吟吟.浅析国外的电子政务发展现状及对我国的启示[J].西部皮革,
    2016,38(2):99.

[107]殷利梅,姬晴晴,乔睿.智慧城市建设标准化的国际发展[J].智能建筑与智慧城市,
    2016(1):33 – 39.

[108]姜跃.我国物流服务标准化研究[D].沈阳:沈阳工业大学,2009.

[109]姚国章,胥家鸣.新加坡电子政务发展规划与典型项目解析[J].电子政务,2009(12):
    34 – 51.

[110]冯洁.浙江电信承建省级政务云平台发力智慧政务[N].通信信息报,2014 – 08 – 13(A07).

[111]朱敏.智慧安居解决方案研究[J].互联网天地,2013(11):73 – 75.

[112]邓贤峰."智慧城市"评价指标体系研究[J].发展研究,2010(12):111 – 116.

[113]陆伟良,杜昱,侯惠荣,等.智慧医疗的现状及发展[J].中国医院建筑与装备,2016,17(3):
    82 – 84.

[114]张明柱.基于智慧城市发展指数的我国智慧城市分类评价模型研究[D].太原:太原科
    技大学,2014.